農学の知を復興に生かす

東北大学菜の花プロジェクトのあゆみ

中井 裕・西尾 剛・北柴大泰・南條正巳
齋藤雅典・伊藤豊彰・大村道明・金山喜則

東北大学出版会

Wisdom of Agricultural Science Utilized for the Restoration :
Progress of Tohoku University Rapeseed Project

Yutaka Nakai, Takeshi Nishio, Hiroyasu Kitashiba, Masami Nanzyo
Masanori Saito, Toyoaki Ito, Michiaki Omura, Yoshinori Kanayama

Tohoku University Press,Sendai
ISBN978-4-86163-299-0

口絵（時系列順）

口絵 1　(図 3-1)
仙台市荒浜地区界隈から市街中央を望む（大村、2011.3.28）

口絵 2　(図 3-2)
女川フィールドセンターの屋根には津波で運ばれた民家が乗っていた。大学も地震・津波で大ダメージを受けていた（大村、2011.3.31）

口絵 3（図 5-1）
津波被災農地の土壌断面（2011 年 5 月中旬）
左：津波によって厚い砂が表土の上に堆積した水田（宮城県仙台市、髙橋正、2011.5.19）
中央：津波によって表土の上にヘドロ状の泥土が堆積した水田（宮城県石巻市、山本岳彦、2011.5.11）
右：津波によって肥沃な表土が浸食された水田（宮城県岩沼市、髙橋正、2011.5.18）

口絵 4　温室内での菜の花の栽培（中井、2011.6.2）

口絵 5　塩釜亘理線（右）を越えた津波に大きくえぐられた水田（中井、2011.6.3）

口絵 6　荒浜の復興工事（中井、2011.6.3）

口絵 7　仙台市農業園芸センター遠望。水田には多数の松の幹が散乱（中井、2011.6.3）

口絵 8　南條教授自らの土壌サンプリング（中井、2011.6.15）

口絵 9　亘理地区の被災農地（中井、2011.6.17）

口絵 10　亘理地区の水田に横たわる農機具（中井、2011.6.17）

口絵 11　（図 3-3）ようやく被災地の農家に直接お話を聞くことができた。農家の圃場にはまだヘドロの跡が残っていた（大村、2011.6.21）

口絵12　120人のボランティアと共に実験圃場のヘドロ除去（中井、2011.7.30）

口絵13　（図3-4）
菜の花プロジェクトの説明を受け、アブラナ科植物の遺伝子銀行を見学する企業重役（大村、2011.8.30）

口絵14　荒浜地区の瓦礫焼却炉（中井、2011.9.7）

口絵15　（図3-5）
雑草に覆われた当時の花壇（大村、2011.9.15）

口絵16　（図3-7）
稗が生い茂る被災農地が、ボランティアと㈲千田清掃によりクリーンアップされ、菜の花の播種が行われた。手前がクリーンアップ後、奥側は隣接する農地（大村、2011.9.15）

口絵17　（図3-9）
東北大学内でも試験栽培を行っていたが…（大村、2011.9.15）

口絵 18　圃場を覆う雑草（中井、2011.9.17）

口絵 19　荒浜小学校（中井、2011.9.18）

口絵 20　排水ポンプ（中井、2011.9.18）

口絵 21　BDF 車を説明する山田周生氏（中井、2011.9.25）

口絵 22　仙台市農業園芸センター沈床花壇でのナタネ播種（中井、2011.9.25）

口絵 23　（図 3-10）プロの農家が整地した美しい畑にプロの農家が播種作業を実施（大村、2011.10.3）

口絵 24　（図 3-8）
耐塩性アブラナの被災農地での試験栽培の準備を行う北柴准教授（大村、2011.10.10）

口絵 25　（図 3-14）
ボランティアを頼み、「間引き」の作業（大村、2011.10.10）

口絵 27　（図 8-2）
沿岸部側グライ低地土水田表面（左）と排水路（右）（南條、2011.11.16）

口絵 26　（図 8-1）
岩沼市の内陸側津波被災地の状況、ほぼ順調に生育する菜種（南條、2011.11.16）

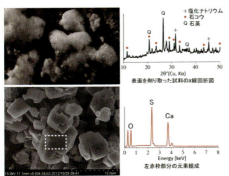

口絵 28　（図 8-3）
図 8-2 左の析出物の実体鏡写真（左上）、同析出物の X 線解析図（右上）、同析出物表面の走査電顕像（左下）、その選択領域（左下白点線域）のエネルギー分散型 X 線分析（右下）（南條）

口絵 29 岩沼地区の津波被災農地で生長するナタネと居久根（中井、2011.12.10）

口絵 30 荒井地区の実験圃場で生長するナタネ（中井、2011.12.10）

口絵 31 ナタネ実験圃場と農業園芸センターのドーム温室（中井、2011.12.10）

口絵 32 農業園芸センターでの栽培実験（中井、2011.12.10）

口絵 33 農業園芸センター圃場に立てられたボランティアによる東北大学菜の花プロジェクトの説明看板（中井、2012.1.15）

口絵 34（図 3-15）白鳥が飛来。近隣の被災農地で農業が実施されず、餌不足のため、菜の花を食べに来たと思われる（大村、2012.2.2）

口絵 35 松島町の菜の花プロジェクト（中井、2012.3.25）

口絵 36 農業園芸センター実験圃場の春（中井、2012.4.9）

口絵 37 ナタネはみごとに冬を越した（農業園芸センター）（中井、2012.4.9）

口絵 38 食害からの抽苔（ちゅうだい）（荒井の実験圃場）（中井、2012.4.27）

口絵 39 菜ばな収穫（岩沼）（中井、2012.4.27）

口絵 40 農業園芸センター栽培実験のハマダイコン（中井、2012.4.28）

口絵41　みやぎ生協岩沼店での菜ばな販売（中井、2012.4.28）

口絵42　全国菜の花サミット（須賀川市文化センター）（中井、2012.4.28）

口絵43　農業園芸センターでの菜の花の開花（中井、2012.4.29）

口絵44　現地見学会後、菜の花の料理を味わう（キリンビール仙台工場レストラン）（中井、2012.5.4）

口絵45（図3-11）
美しく咲きそろった菜の花。しかし、播種の時に風を遮ってくれた屋敷付き林（イグネ）は枯れてしまった（大村、2012.5.4）

口絵46（図3-12）
鳥による食害も（大村、2012.7.17）

口絵 47（図 3-13）
大手農機具メーカーの協力のもと、収穫作業を実施できた（大村、2012.7.17）

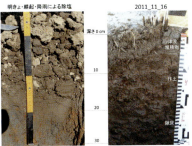

口絵 48（図 8-5）
上記除塩後（左）と除塩前（右）の土壌断面写真（南條）

口絵 49　種まきイベント（仙台市農業園芸センター）（中井、2012.10.6）

口絵 50　（図 3-6）
菜の花プロジェクトでの使用が終わった翌年10月にはすぐに美しい花壇へと再整備された（大村、2012.10.6）

口絵 51（図 8-6）
明きょ―耕起―降雨による除塩後の菜種の出芽（左）、試験地に掘った明きょ（中央）、隣接排水路（右）の状況（南條、2012. 秋）

 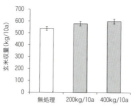

口絵 52 （図 5-9）
津波被災農地における水稲収量に対する製鋼スラグ系資材の効果（伊藤、2012）
東北地方太平洋沖地震津波によって被災した水田（宮城県石巻市、2011）。この圃場を用いて、除塩して2年目にあたる2012年に転炉石灰（製鋼スラグ）を200kg/10a（通常の圃場における標準施用量）、400kg/10a 施用して、水稲の圃場栽培試験を行った。ナトリウムが残存する除塩土壌において、転炉石灰（カルシウムとケイ酸を供給）の施用は、イネのナトリウムの害の緩和（カルシウム吸収の増加、ナトリウム吸収の抑制）、ケイ酸濃度増加による光合成促進、pH上昇による土壌有機態窒素の無機化促進、によって玄米収量を約10%増加させた。(Gao, Ito et al., 2016)

口絵 53　大船渡の菜の花畑（山田周生氏らのプロジェクト）（中井、2012.12.19）

口絵 54　陸前高田の菜の花花壇と山田周生氏・永嶋奏子氏（中井、2012.12.19）

口絵 55　橋野地区の菜の花（中井、2012.12.20）

口絵56 (図6-7) 500mM NaCl 溶液条件下での、セイヨウナタネ交雑後代の集団の耐塩性試験の様子（A）と生き残った個体の様子（B）（北柴）

口絵57 東北大学震災復興シンポジウムにおける発表（中井、2013.3.9）

口絵58 見学会受付（中井、2013.4.28）

口絵59 南條教授による説明（中井、2013.4.28）

口絵60 北柴准教授による説明（中井、2013.4.28）

口絵61 南相馬原発20km圏内での菜の花畑（中井、2013.5.31）

口絵 62 （図 7-1）
カラシナ J105 系統の開花時の成育の様子（A）と収穫作業（B）（北柴、2013.5～6）

口絵 63 奥山市長のイベント参加（右は中井）（中井、2013.7.7）

口絵 64 相馬農業高校生および京都農芸高校生と電気自動車コムス。東北大学複合生態フィールド教育研究センターにて（中井、2013.8.20）

口絵 65 （図 5-2）
山土が客土された津波被災圃場
宮城県岩沼市の海岸近くの圃場には、石まじりの有機物の少ない黄色の山土が客土され、平らにされて見かけだけ農地が"復旧"していた。有機物も少なく、おそらく養分もほとんど含んでいない土壌で、どれほどの作物生産ができるのだろうか（伊藤、2013.10.18）

口絵66　(図7-3)
カラシナ突然変異集団の栽培から収穫
抽台開始（A）、交配作業（B）、未開花状態の蕾（C）、実った莢（D）、種子回収作業の様子（E）（北柴）

口絵67　ルーメンハイブリッド型メタン発酵システム（中井、2016.2.23）

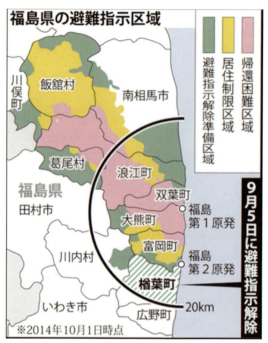

http://mainichi.jp/graph/2015/09/05/20150905dd m003040120000c/002.html

口絵 68
東北復興農学センターによる被災地農業の復興支援
福島県双葉郡葛尾（かつらお）村は、福島第一原発事故により全村避難した。
48世帯・1,347人を対象として、2016年6月12日午前0時に避難指示が解除された。

口絵 69 葛尾村の菜の花畑。遠くに除染土壌等を覆うシートが見える（中井、2016.4.27）

口絵 70 東北復興農学センターの被災地エクステンション（中井、2016.6.11）

口絵 71
東北復興農学センター 復興農学講義における被災地エクステンション（葛尾村）（中井、2016.6.11）

口絵 72　荒浜なのはな工房（中井、2016.7.16）

口絵 73　荒井地区の田畑の基盤整備（中井、2016.10.2）

口絵 74　水田として蘇った荒井地区の実験圃場（中井、2016.10.2）

口絵 75　5 年経っても荒浜小学校と荒浜地区はほとんど変化していない。口絵 19 を参照（中井、2016.10.2）

口絵 76　荒浜観音（中井、2016.10.2）

口絵 77　荒浜地区の防潮堤。上部の白い段がかさ上げ部分（中井、2016.10.2）

口絵 78　荒浜地区集落跡（中井、2016.10.2）

口絵 79　おにぎり茶屋ちかちゃん（中井、2016.10.2）

口絵 80　名取市の北釜ファーム（中井、2016.10.2）

口絵 81　北釜菜の花プロジェクト（中井、2016.10.2）

口絵 82　亘理地区の個人農家のいちご温室（中井 2016.10.2）

口絵 83　亘理いちご団地（中井、2016.10.2）

口絵 84　いちご団地のハウス内。高設栽培方式（中井、2016.10.2）

口絵 85　（図 7-5）
セイヨウナタネとアビシニアガラシの花の色
（A）セイヨウナタネの白花
（B）セイヨウナタネの濃い黄色花の系統（左）と普通の黄色花の系統（右）
（C）アビシニアガラシの黄色花系統
（D）アビシニアガラシの極薄黄色花系統

口絵 86　（図 10-1）
菜の花の栽培と調査（金山）

口絵 87　（図 9-2）
中国（武漢市）でも雑草化しているカラシナ（西尾）

17

口絵 88　菜の花を使ったプリザーブドフラワー（中心部分）

口絵 89　食用ナタネ油（川渡で栽培された菜種から搾油）

口絵 90　ナタネ油を混合したキャンドル

口絵 91　ナタネ油（口絵 89）を使ったオイル漬け（トマト、キノコ類）

口絵 92　東北大学菜の花プロジェクトおよび科研費研究のメンバー

18

目 次

1. はじめに（中井）……………………………………………………… 1
   - 1-1 東北の農地復旧の現状　3
   - 1-2 農業復興の現場　7
   - 1-3 統計から見る農業復興　10
   - 1-4 東北復興農学センターの設立　13
2. プロジェクトの全体像（中井）……………………………………… 15
   - 2-1 農学研究科の復興支援プロジェクト　15
   - 2-2 「東北大学菜の花プロジェクト」の活動概要　23
   - 2-3 「東北大学菜の花プロジェクト」を支えた人々　36
3. プロジェクトにおける農家等との連携（大村）………………… 51
4. 津波の土壌影響（南條）…………………………………………… 65
   - 4-1 はじめに　65
   - 4-2 堆積物の由来はどこか　66
   - 4-3 海外の塩類集積土壌との比較　67
   - 4-4 石こうの沈殿　68
   - 4-5 塩分と交換性イオンの水平垂直分布　69
   - 4-6 ソーダ質化の進行度　71
5. 津波被災農地の除塩後の課題と生産力回復のための技術（伊藤）
   ……………………………………………………………………… 77
   - 5-1 2011 年の津波被災農地の土壌調査からわかったこと　77
   - 5-2 除塩工事による被災農地の復旧　78
   - 5-3 津波と除塩工事による表土の喪失　80
   - 5-4 雨の恵み：自然降雨による除塩　81
   - 5-5 津波が運んできた堆積物―泥土の問題と利用　84

i

5-6　除塩後の被災農地の問題；除塩過程で起こる
　　　土壌の交換性塩基の変化　87

5-7　ナトリウムが残った除塩土壌の問題と対策　90

5-8　農地回復は道半ば　92

6.　耐塩性アブラナ科作物の作出～耐塩性強ナタネ系統の
　　開発～（北柴）……………………………………………………… 97

6-1　セイヨウナタネ耐塩性の再評価　97

6-2　関連遺伝子座の同定　103

6-3　塩処理によって誘導される遺伝子　104

6-4　耐塩性セイヨウナタネ品種育成に向けて　107

7.　圃場での栽培試験（北柴）……………………………………… 111

7-1　耐塩性カラシナの種子増殖とエルカ酸含量の
　　　改良に向けて　111

7-2　アビシニアガラシの可能性　115

8.　雨水による除塩と菜の花栽培（南條）………………………… 121

8-1　はじめに　121

8-2　岩沼市内陸側津波被災地の状況　121

8-3　沿岸側グライ低地土水田の試験地の状況　122

8-4　沿岸側グライ低地土水田の降雨による除塩事例　123

8-5　おわりに　125

9.　野外での他の作物との交雑の可能性（西尾）………………… 127

10.　土壌汚染放射性セシウムのナタネへの移行（金山、大村）…… 137

11.　他の作物などの放射性物質汚染（齋藤）……………………… 143

11-1　事故後 5 年間の対策の概要　143

11-2　農産物の放射能汚染対策；「池月道の駅」との連携　145

12.　ナタネとエネルギー生産（中井）……………………………… 151

12-1　日本のエネルギーを取り巻く状況　152

12-2　電力供給　154

12-3　太陽光発電　156

　　　　　　　　　　　　　　　　　　　　　　　　　　　　　　目次

　　　12-4　バイオマス利用の 5F　159

　　　12-5　ヨーロッパにおけるナタネ生産とそのエネルギー利用　162

　　　12-6　日本のナタネ生産　165

　　　12-7　日本でのナタネ BDF 生産　168

13.　菜の花プロジェクトの今後（中井）……………………………　175

　　　13-1　耐塩性アブラナ科植物の育種　179

　　　13-2　高効率メタン発酵システムの開発　180

　　　13-3　大学の中立性を保った復興支援活動　181

　　　13-4　人材育成　182

14.　おわりに（中井）…………………………………………………　185

「東北大学菜の花プロジェクト」活動の記録（年表）………………　189

著者略歴………203

iii

1. はじめに

（中井　裕）

2016 年 3 月 11 日で、東日本大震災の発生から 5 年が経った。

今、仙台市内で震災の傷跡を目にすることはほとんどない。津波を被って一面の泥沼だった仙台市東部の農地は、大規模化に向けた基盤整備工事が一部では続いているが（口絵 72）、多くの圃場には水稲やダイズがすくすくと育って一面緑に覆われている。仙台市の南にある亘理町では、イチゴが順調に生産され、子どもたちのイチゴ狩りが春の風物詩となっている。このような風景に接して、仙台やその周辺を訪れる人々は、被災地はすっかり回復したと感じる。

しかし、仙台市内でも手つかずの場所もある。

仙台市東部を南北に走る県道塩釜亘理線を越えて海岸側に入ると、この地域は災害危険区域に指定され、すべて仙台市に買取られている。ここでは、住宅の建築は禁止され、海岸公園などの市の事業に用いられることになっている。しかし、まだ事業は開始されていないため、農地と住宅のコンクリート基礎は雑草に覆われている（口絵 78）。

この地域の中心である荒浜地区には、震災前は約 1,600 人が居住し、海に面した深沼海水浴場が賑わっていた。ここでの犠牲者は 180 人以上にのぼったが、幸いにも小学校の校舎に避難した児童、教職員、住民 320 人は助かった。この校舎は、2 階床上まで浸水し、1 階部分は大きく破損を受けた（口絵 19）。

震災の 2 週間後に、私は当時の奥山市長に依頼されて研究科の 2 名の教員とともにこの地を訪れた。校舎の裏側の非常階段に、真新しいフォルクスワーゲン・ビートルがフロントを真下に向けて引っかかっている姿が目に焼き付いている。この校舎（口絵 75）は震災遺構として保存されることが 2016 年 4 月に発表された。

荒浜の海岸には、石材店の寄付による観音像が、海に背を向けて立っている（口絵76）。海岸に途切れなく続く長大な防潮堤に背を向けて立つ観音像を見ると、防潮堤の存在を拒否しているかのようにも見える。

　防潮堤はTP＋7.2m（TPは東京湾平均海面を基準とした海抜）あり、減災効果は高いとされる。しかし、東日本大震災級の巨大津波（約14m。荒浜では9m程度とされている）はこの堤を越す。

　防潮堤の効果は「限定的」である。さらに、県道塩釜亘理線も6mのかさ上げ工事が行われるが、こちらも巨大津波の越流が予想され、道路上の安全は確保されていない。

　すなわち、巨大津波の襲来時には、防潮堤やかさ上げ道路の上での安全性は確保されていない。このことを理解している市民はどれだけいるのであろうか。防潮堤の上に留まる者はいないと思われるが、この巨大な防潮堤の力を信じて、かさ上げ道路の上に留まる者は少なくないと思われる。

　施設への過信は、恐ろしい結果に繋がる。このような例は、拠点避難場所に指定されていた釜石市鵜住居防災センターで多くの命が失われたことなど枚挙にいとまがない。道路や建物の安全性は、周辺住民だけではなく、この地域に往来する人々のすべてが正確に理解できるように表示する必要がある。

　海辺をさらに南、福島に向かって進むと、海岸線に沿って、工事が終わったばかりの白く光る巨大な防潮堤が途切れることなく続く（口絵77）。しかし、防潮堤の内側の農地は、荒れたままである。山元町の震災遺構に指定された中浜小学校は、雑草に埋もれた集落と荒れ放題の農地の中に無残な姿を曝してぽつっと建っている。

　仙台の北の東松島市や、それ以北の海岸にも、荒れた農地が目立つ。農地復旧工事に着手されていない場所もあり、地盤沈下などによって、復旧が絶望視されている地区も少なくない。

　今、復興住宅建設の遅れなどもあり、東北全体の避難者数は15万5,000人に上る（2016年6月10日現在）。いまだ多くの人々が、住み慣

1. はじめに

れた場所に戻れないまま6回目の夏を迎えている。

　私は、この5年間、東北大学の農学研究科のメンバーや外部からサポート頂いた方々とともに復興支援活動を続け、現場の状況の変化を見てきた。被災した地域は広大であり、私が見てきた範囲は限られたものであるが、この5年間の農地や農業の再生の過程と現状をできるだけ客観的な資料を用いて解説し、それらの問題点について記すことにする。

1-1　東北の農地復旧の現状

　農地（口絵9）の復旧のためには多くの工事が必要である。津波によって運ばれたヘドロや瓦礫の除去、作土が流亡した耕作地への客土、灌漑用ポンプや水路などの修復、水張りを繰り返すことによる土壌からの除塩などである。

　震災後の1年間は被災農家を雇う形で瓦礫の除去が手作業で行われた。ヘドロの除去のためには、大型の土木作業機械が投入された。農業関係者は、大型機械の重量による踏み固めやヘドロと共に作土（耕作土壌）を剥ぎ取ってしまうことなど、圃場へのダメージを危惧したが、農家が所有していた農業機械の多くは塩水を被って使用できるものが限られており（口絵10）、短期間で復旧工事を行うためにはこの方法を取るしかなかった。

　われわれは、仙台市東部地区で、菜の花栽培のために借り受けた田のヘドロ除去を行ったが（口絵12）、春から夏に急速に繁茂した雑草に悩まされた。塩害のために植物は何も生えないと思っていた土地ではあるが、津波に運ばれた海の底泥などに含まれていたリンや窒素が供給されたことによって、塩害に強い植物にとって、有利な状況が作られていたと考えられる。

　われわれは、ヘドロと雑草の両方を除去しなければならなかった。

　その際、仙台市の担当者から、

　「ヘドロは津波による震災ゴミとして行政対応で廃棄できるが、雑草は震災ゴミではないので、ヘドロと雑草を分けて処分するように」と指

3

示された。

　完全な二度手間を強いられた。周辺の田でも同様の方法で除草とヘドロの掻き取り作業が行われていたようであった。農地復旧には、予想外の手間と時間が必要であった。

　津波による土壌の損傷は、他章で述べるように、地域によって大きく異なった。土壌の損傷状況を理解するために、田や畑の土壌の断面（口絵3）について説明を行う。

　田畑の土壌は単層ではなく、表面から作土層、すき床層、さらにその下の土層と続く。われわれが栽培実験に使用した田では、これらの層の中に貞観津波（平安時代前期の貞観11年。西暦869年）の痕跡と思われる砂の層も認められた。土壌断面にはその地域の歴史が埋め込まれている。

　作土は、農家が耕うんや施肥を繰り返して、長年をかけて耕作に適した土壌として作り上げてきた層である。

　われわれの使用した田は作土層の上にヘドロが被さって、乾燥によってひび割れていた。しかし、前の年の稲刈り後の稲株がそのまま残っており、作土自体に被害はなかった。震災直後の測定では塩分の浸透も少なかった。

　しかし、場所によっては、作土が津波によって運び去られていた。このような田畑では、客土が必要であった。客土とは、別の場所の土を運び込むことであり、通常は耕作に適したものを選んで使用する。しかし、今回はそのような選択の余地はなかった。農業用として配慮する余裕はなく、他の土木工事と同等に、農地の復旧工事が行われていた感がある。

　実際に、農地よりも海岸の住宅地などの再建のためのかさ上げ工事のために多くの土が必要であった。

　仙台市民になじみ深い太白山という山がある。仙台西部の平地に綺麗な円錐状にぽっこりと膨らんで立っている。小さいながら立派な独立峰である。震災当時、私の大学バドミントン部時代の先輩が宮城県の土木

1. はじめに

部長を務めていたが、「かさ上げ工事などのためには、この標高320m
の山まるごとに匹敵する量の土砂が必要だ。太白山を丸ごと」と、ため
息交じりに呟いていたことを思い出す。太白山は削られることはなかっ
たが、海岸近くのいくつもの丘は土砂供給のために姿を消した。

　このような状況の中、土壌の性状などに配慮する余裕はなく、栄養分
が明らかに不足している山土なども客土に用いられた。小石混じりの土
が客土された圃場では、土木作業の観点からは復旧終了と扱われていて
も、小石を除去しなければ、耕運機を入れることもできない状態の場所
もあった。また、土壌中の栄養不足のために、作物が育たず、急遽、施
肥を追加したといったニュースが最近でも散見される。農地土壌に関し
ては他章で詳しく触れるが、土作りには今後も多くの時間が必要とされ
る。

　津波によって、海岸に近い灌漑用ポンプ施設の多くは破壊された。大
型のポンプ施設の復旧には時間を要するために、水中ポンプに布のホー
スを接続した仮設ポンプが用いられて、水路からの排水を行った（口絵
20）。また、水路の復旧は、破壊されたコンクリート製の側壁や、流入
した瓦礫の除去から始める必要があり、こちらも復旧には時間を要し
た。水路とポンプの復旧の遅れは、水を張っては流すといった方法を
とった水田の除塩作業の遅れに繋がった。

　震災後に、仙台東部地区の津波を受けた水田で、耐塩性稲の選抜試験
なども行われたが、水張りを繰り返す除塩によって通常品種の水稲でも
問題なく生育することが立証された。現在は、栽培品種を変えることな
く、従来と同様に、ひとめぼれなどの品種を用いて、水稲栽培は再開さ
れている。

　「復旧から一歩進んで復興」を考えて、国や仙台市などは、農業復興
策を考えた。キーワードは、「大規模化」と「6次産業化」である。こ
れは、震災前から唱えられていたコンセプトで、震災を機に従来から
あったこれらの施策を一挙に推し進めることになった。震災によって顕
在化した日本の農業が従来から抱えている問題の解決に、これらの策を

5

前倒し的に導入した訳である。

　国の施策では、水田の一枚当たりの面積を 1ha に拡大する大規模化が謳われていた。複数の水田をまとめる圃場整備事業である。単に畦を取り払って複数の田を繋げるのでは、大きな 1 枚の田にはならない。各水田間の高低差のために、水を均一の深さで張ることができない。レーザー光線を用いて正確に土地の高さを測定することができるレーザーレベラーを搭載したブルドーザーを用いて田を水平に作り直す必要がある。

　仙台では、これまで水田 1 枚の面積が 20a または 30a であったものをまとめて、90a または 1ha に拡大する工事が行われている。

　宮城県の農地・農業用施設等の復旧事業は、震災直後に作成された復旧のためのロードマップに従って進められてきた。

表 1-1　農地の復旧状況（2015 年 3 月末）

関係都市	復旧対象面積（ha）	完了率（％）
気仙沼市	670	87
南三陸町	460	93
石巻市	2,110	89
東松島市	1,370	95
塩竈市	20	25
多賀城市	70	100
七ヶ浜町	140	100
松島町	30	100
仙台市	2,000	100
名取市	1,500	98
岩沼市	1,170	96
亘理町	2,100	86
山元町	1,360	82
県合計	13,000	99

仙台市（国直轄災害分）の査定額は除く
http://www.pref.miyagi.jp/uploaded/life/377884_486760_misc.
pdf より作成

1. はじめに

津波被災農地総面積は 14,300ha に上ったが、2016 年 3 月には、復旧完了率は全体で 98％、仙台、七ヶ浜、多賀城、松島では 100％となっている。しかし、復旧が遅れている地域では、気仙沼で 87％、石巻で 89％、亘理で 86％、山元で 82％であり、塩釜では 25％に留まっている（表 1-1）。

なお、すべてがロードマップに従って順調に進んでいるわけではない。当初は、2015 年度内の完了が予定されていたが、2014 年 3 月に、復旧のロードマップが見直され、農地と主な農業用施設の復旧は 2016 年度、農地海岸については 2017 年度完了に変更された。さらに、2015 年 3 月に再び見直しが行われ、被害甚大地域は 2018 年度完了に変更された。2016 年度 3 月にはさらに再々見直しが行われて、農業用施設の復旧完了は 2017 年度とされている。

工事完了が 2 年遅れていることからも分かるが、農地復旧は、当初考えたより相当に困難である。現在、残された農地は条件が悪い場所が多いことから、今後の作業が難航することが予想される。また、復旧完了農地において、上記のように、客土や除塩後の土壌の成分に問題が生じている圃場もあり、この点に関する改善も今後必要となる。

1-2 農業復興の現場

農地復旧のロードマップの遅れ、客土や土壌中のミネラルバランスなど問題点もあるが、農地の復旧完了率は宮城県では 98％に達している。

震災の夏に私は、仙台市復興検討会議の委員として働いた。仙台市は、農業においても復旧のゴールは他の分野と同じ 3 年としていたが、委員会の多くの委員は、少なくとも 5 年、その後の整備も含めて、ゴールは 10 年とすべきとの意見も多かった。しかし、仙台市は 4 年で復旧完了に漕ぎ着けた。5 年が経過した今、仙台市では、海岸に近い市の買い上げ地域以外では、稲作や大豆作などの農業が再開されている。

また、亘理町や山元町では、イチゴのブランド化、農業生産に観光や加工、販売を一体化した 6 次産業化（第一次産業の農業と第二次産業の

食品加工、第三次産業の流通・販売の統合化）が活発に行われている。

　亘理町では、イチゴ生産農家 251 戸のうち 232 戸が津波被災したが、3 か所計 70ha に 110 億円かけて育苗棟や栽培ハウスが建設され（口絵 83）、被災農家 99 戸（23ha）が 2013 年 9 月から営農を再開した。隣接の山元町でも、52 戸（17ha）の大型ハウスで営農が再開されている。

　イチゴの栽培方式は、腰をかがめずに作業ができる先進的な「高設栽培」（口絵 84）に変更され、復旧から一歩進んで、復興と言える状況が実現している。栽培方式は変更されたが、古くからこの地域で行われてきたイチゴ栽培の経験が生かされている。

　6 次産業化の例として、農事組合法人仙台イーストカントリーに触れてみる。代表を務める佐々木均氏は、「東北大学菜の花プロジェクト」の実験のために圃場を提供し、耕作などに関して援助下さった方である。

　この法人では、仙台の東部地区に 60ha 以上あった農地の大半が津波被害を受け、農機具庫も津波に襲われて農機具の多くは使用不能となり、氏の住宅も床上浸水を受けた。私は、震災後に、菜の花栽培の打合せに伺ったが、ヘドロが溜まった温室、庭の土埃、新築の家の真っ白な壁にくっきりと付いた浸水の痕を今でも思い出す。その時、佐々木氏は、津波でまばらになってしまった松の防潮林を遠くに見ながら、震災や津波について諦観したように淡々と語っていたが、言葉の端々に営農再開に向けた強く堅い意志を感じた。

　法人では、一部除塩などを行ない、震災の春に 16ha の農地に播種を行って稲作を再開した。また、被害が少なかった古い味噌蔵で、長年行ってきた味噌作りも再開した。

　2013 年 5 月には奥様の千賀子さんが代表となって「おにぎり茶屋ちかちゃん」をオープンした（口絵 79）。法人が生産した米や味噌を使って、おにぎりやしそ巻きなどを作る加工部門と、ランチプレートなどを提供するレストラン部門、ここでの米や野菜の販売を合わせて 6 次産業化を実現した。現在、農地経営面積は 72ha に増えている。内訳は水稲

1. はじめに

50ha、大豆 10ha、飼料用米 12ha である。

　私は、仙台市復興検討会議で、仙台東部地区では震災前と同様の農業生産を再開するのではなく、大消費地である仙台と密着して、農業の安全安心を身をもって感じることができる場所、訪れること自体を楽しめる農地の復興を目指すべきであると、主張してきた。この農家レストランはその役目を担いつつあるようである。ドイツでは、ヴァンダラーと称して、田舎の村に宿泊して、散歩を楽しむといった余暇の過ごし方があり、村々は賑わっている。そのような、仙台東部地区になればと私は願っている。

　一方、うまく行かなかった例もある。「（株）さんいちファーム」と「（株）みらい」である。いずれも、植物工場である。

　「さんいちファーム」は、2011 年 11 月、仙台市の被災農家 3 人が、総事業費 3 億 5 千万円のうち、8 割を国の震災農業生産対策交付金と県の農業生産復旧緊急対策事業補助金で賄い、銀行からの借り入れや民間の復興支援ファンドを合わせて始めた。名取市の津波被害を受けた水田に、2,000m² のハウス 3 棟、計 6,000m² からなる水耕栽培の野菜工場を建設し、ベビーリーフやレタスなどの生産を行った。しかし、十分な販路を確保できず、2015 年 1 月、総額 1 億 4,000 万円の負債を抱えて倒産した。

　なお、本施設は、同年 4 月、フーズロイヤル株式会社（センコン物流グループ）に買い取られ、同年 9 月から、電気代などの経費削減や 3 棟中 1 棟だけの稼働など生産量の調整と売り先の確保をはかりながら、レタスを中心とした生産が続けられている。

　「みらい」は、2004 年に設立された千葉大学発の農業ベンチャーで、植物工場分野の最先端の技術を有する牽引役と目されていた。2014 年 6 月に多賀城市の「みやぎ復興パーク」に、世界最大規模の LED 照明を採用した植物工場を本格稼働させ、被災地の復興事業モデルとしてもてはやされた。日産 1 万株のレタスを生産する予定であったが、生産が安定しない上に販路が十分に確保できなかった。さらに、同社が同時に増

設した千葉県の「柏の葉グリーンルーム」での売上が想定を下回り、2015年6月、総額10億9,000万円の負債を抱えて倒産した。

なお、株式会社みらいは、同年12月、マサル工業株式会社の新設子会社であるMIRAI株式会社に事業譲渡されている。

これらの倒産の例は、詳細は不明であるが、震災復興予算に短期間で対応せざるを得なかったために、栽培計画や資金繰りに関する準備が十分ではなかったことが大きな原因と考えられる。その結果、施設・設備投資および設備の維持管理費に見合う生産量や販路を確保できなくなり、資金繰りが破綻して倒産に至ったものと思われる。

植物工場では、工業製品とは異なって安定生産は容易ではない。不確実性を内包する「生き物」の生産には、段階を踏んだ綿密な準備と、生産開始後の余裕を持った長期の資金計画が重要である。

このことは、農業復興全体に当てはまり、「生き物」である農業を復興するためには、物と金だけでは無理であり、人と時間が何よりも大切である。

1-3 統計から見る農業復興

全国（北海道は農業形態が大きく異なることから、都府県合計値を使用）と被災地である岩手県、宮城県、福島県との比較を行ってみる（表1-2）。

2011年と2014年を比較すると、農家数は、それぞれ、90.4、88.4、85.2、83.5％といずれも減少している。農業従事者数は、87.8、84.9、83.9、79.0％である。

表1-2　農家・農業従事者数の推移
(2011年を100とした場合の14年の相対値)

	都府県	岩手県	宮城県	福島県
農家	90.4	88.4	85.2	83.5
従事者	87.8	84.9	83.9	79.0

1. はじめに

表 1-3　水稲（青刈りを含む）作付面積（x100ha）

年	全国	岩手県	宮城県	福島県
2010	16570	576	761	819
2011	16320	570	696	665
2014	16390	580	748	698

　これらの数値から全国的に農家、農業従事者数は減少していることが分かるが、被災 3 県の減少率は大きい。とくに福島県における農業従事者の減少が著しい。

　これらの地域で主要な作物である水稲（青刈りを含む）の作付面積で見ると（表 1-3）、震災前年の 2010 年と 2014 年比較で、全国では、165 万 7,000ha が 163 万 9,000ha と減少しているが、岩手県では 5 万 7,600ha が 5 万 8,000ha に増加している。宮城県は、2010 年に 7 万 6,100ha であったものが、震災の影響で 2011 年には 6 万 9,600ha と大幅に減少したが、2014 年には 7 万 4,800ha まで回復している。ただ、福島県は、2010 年に 8 万 1,900ha であったものが、2011 年には 6 万 6,500ha となり、2014 年でも 6 万 9,800ha と回復にはほど遠い。

　これらのことをまとめると、岩手県と宮城県では、農家数は絞られながらも規模拡大が行われて、米作は回復しつつあること分かる。国の施策に呼応して農地の大規模化が図られていることがうかがわれる。

　しかし、福島県は放射性物質汚染の直接および間接的な影響のため、その回復は大幅に遅れている。

　津波被害のあった農業経営体の営農再開状況をみると（図 1-1）、岩手県では釜石市、山田町、大船渡市、陸前高田市、宮城県では気仙沼市、南三陸町、塩竈市で再開の遅れが目立ち、農業の復旧速度は地域によって異なっている。

　福島県の沿岸市町村では、放射性物質汚染の影響が少なかった新地町、広尾町、いわき市では営農再開が進んでいるものの、津波と放射性物質汚染の両方の影響を受けた他の地域では大幅に遅れている。とく

図1-1　津波被害のあった農業経営体の営農再開状況（2014年）
農林水産省被災3県における農業経営体の被災・経営再開状況より
http://www.maff.go.jp/j/tokei/saigai/index.html

に、高濃度の放射性物質で汚染された地域は、耕作どころか帰宅が許されていない地域も多く、農業への打撃は深刻である。

　以上をまとめると、岩手県、宮城県においては、これまでの5年間で農業はほぼ復旧し、大規模化や6次産業化の動きが進んでいる。

　一方、福島県においては、放射性物質汚染による直接的または間接的な影響から脱していない。間接的な影響の中でも風評被害は深刻である。福島県産の農産物価格は震災前のレベルまで未だに戻っておらず、2015年の全国平均価格と比べると、2016年の福島県産のモモは74％、アスパラガスが77％、コメが92％と低水準にある。いまだに、人気薄、買い叩かれの状態にある。

　観光客も震災前の約8割にとどまり、とくに学校関係の教育旅行は震災前の年間約70万人泊が2014年度は約35万人泊に留まっている。（2016年4月13日毎日新聞）

　また、2016年になって、6月12日葛尾村、14日川内村、7月12日南

相馬市において避難指示区域の解除が行われたが、帰村する住民は1割に満たない区域もある（口絵68）。農地の除染が完了し、農業の再開が認められても、農業に従事する人材が戻っていない。これは、風評被害以前の大きな問題である。農業の復旧には多くの時間がかかる。

1-4　東北復興農学センターの設立

　このような状況を見てきて、私は、農業の復興には、新しい技術の投入も重要であるが、何よりも、「人」の力の大切さを感じている。

　われわれ菜の花プロジェクトのメンバーの一部が中心となって、復興に携わることができる多様な人材育成を目標とする新たなセンターの立ち上げを構想した。2014年春に、東北復興農学センター（TASCR：Tohoku Agricultural Science Center for Reconstruction）を東北大学大学院農学研究科に開設した。このセンターは、教育に加えて、研究、復興支援活動を重視し、これらを3本柱としている。

　教育としては、学生および社会人を対象として、毎週金曜日の夜6時半から8時までのディスカッションを重視した10回の講義、1回の被災地エクステンション（被災地における見学と復興活動に係わる方々との意見交換）（口絵69、70、71）、復興農学フィールド実習（2泊3日）およびIT農学実習（3日間）を行って、復興農学マイスターおよびIT農業マイスターを育成している。

　2016年のコースは9月に修了し、マイスターの認定式を実施したが、その総数は、この3年間で延べ240名に上る。東北大学の教員とマイスター、マイスターが属する機関や企業と連携して、農業復興のためのプラットフォームを形成しつつある。これらの「人」が中心となって、農村と都市の物と情報を結び付けて、農村や農業を活性化し、被災地の農業復興に繋げたいと考えている。

2. プロジェクトの全体像

（中井 裕）

　東日本大震災発生後に「東北大学菜の花プロジェクト」を立ち上げるまでの経緯については、既刊の「菜の花サイエンス」（2014 年 7 月発行）に記した。

　ここでは、当時の東北大学大学院農学研究科の状況と、その状況下で菜の花プロジェクトが他の復興プロジェクトなどとどのような関係を持ちながら進めてきたかについて、現在までの 5 年間の活動について、振り返ってみる。

2-1　農学研究科の復興支援プロジェクト

　2011 年 3 月 11 日 14 時 46 分、東日本大震災発生。

　農学部雨宮キャンパス、川渡フィールドセンターでは、中庭などに避難、集合し、各研究室単位で点呼を行った。比較的短時間に確認作業は終了し、人的被害がないことが確認された。これまで毎年行ってきた避難訓練の成果が出たと思われる。

　地震の揺れは経験したことがない大きさであり、6 階建ての研究棟の上部階の研究室内は、試薬棚や本棚が倒れ、実験機器や試薬が散乱し、一歩も足を踏み入れることができない部屋がいくつもあった。この様な状況下で、一人も怪我がなく、脱出できたことは奇跡に思われた。

　しかし、後日、閖上にて 4 年生 1 名、陸前高田にて推薦入試合格者 1 名が命を落としたことを知った。4 年生は卒論発表を終え、友人宅に遊びに行った際の被災で、卒業式はもうすぐそこだった。

　私は、震災後、大学や家の片付けや復旧などの仕事に追われて毎日を過ごしていたが、見聞きするものがぼんやりと霞に覆われているように感じられ、目の前の状況は、どこか現実ではないように思えた。しか

し、彼女らの訃報に接して、現実に引き戻された。この災害は、自分や自分の周りの人々に降りかかってきた現実なのだとはっきりと悟った。

　6月のある討論会で、「われわれは被災者ではない」と発言した東北大学の他部局の教員がいたが、どこからそのような言葉が出てくるのか、理解できなかった。間違いなく、われわれは被災者である。私は、被災者として、被災者の立場で復興を考えるべき使命を与えられたのだと強く感じ、いまでもその使命感は継続している。

　農学研究科に附属する複合生態教育研究センターとして、仙台の北西70km に川渡フィールドセンター、北東 70km に女川フィールドセンターがある。仙台のメインキャンパスと、この 2 カ所で作られる 3 角形には、アジア型の農林水産業の多くの要素が包含され、生産・研究のモデル拠点と位置づけて、われわれはゴールデントライアングルと呼んでいる。

　川渡フィールドセンターとは連絡がすぐにつき、全員の無事が確認された。しかし、旧水産実験施設である女川フィールドセンターは、女川湾の岸壁から数十メートルの所に建っており、このセンターが津波に襲われたのは間違いなかった。連絡はまったくつかず、学生や教職員の安否が気遣われた。

　3 日後の 3 月 14 日になって、全員の無事が確認された。女川フィールドセンターの校舎、研究施設、宿泊施設はすべて津波にのみ込まれて、全損状態で、避難に使用した自家用車もすべて流されたが、全員、駐車場から徒歩で高台に移動して難を免れた。その後、開放された旅館に避難した。ここでは、停電で腐って捨ててしまうよりも良いと、冷蔵庫に蓄えられていた高級食材を日々振る舞われたとのことで、全員健康を保って女川から脱出することができた。

　春休みのためにキャンパスを離れている学生も多かったが、実家等に連絡を取って、3 月 20 日までに、農学部の 1 年生から大学院生まですべての安全が確認された。

　農学部のメインキャンパスである雨宮キャンパスでは、建物の倒壊のおそれはないものの壁面、配管、備品に多大な損傷を受けていた。

2. プロジェクトの全体像

　川渡フィールドセンターでも建物の損傷はほとんどなかったが、停電のため、学生宿舎やアパートで暖をとることが難しく、多くの学生と教職員は構内の薪ストーブのあるログハウスで過ごしていた。震災前から庭に積んであった薪を燃していたが、後日、この薪は燃焼に用いるには不適なレベルの放射性物質汚染を受けていたことが明らかとなった。雨宮キャンパスでは毎日、放射性物質の空間線量を測定していたが、危険なレベルは観測されず、仙台よりも北に位置し、福島第一原子力発電所から直線距離で 150km も離れている川渡は安全だと皆、信じていた。情報がないことの怖さを感じずにはいられない。

　女川フィールドセンターでは、2 階建ての鉄筋コンクリート製の校舎の形は残っていたが、全損状態で使用不可（口絵 2）。また、敷地は、地盤沈下しており、大潮時には冠水する状態であった。

　電気、市水、井水、ガス、研究室の復旧作業を日々継続し、4 月 19 日にガス使用がほぼ全域で可能となり、ここまでに、雨宮キャンパスのインフラはほぼ復旧した。しかし、破損した実験機器・器具などは多数に上り、研究はすぐには再開できない状況であった。

　震災後、研究科の教員は、学生の安否確認、研究室の片付け、インフラの復旧、研究機器の調整に加え、自宅の整理や食料調達などに追われていた。そのような中、多くの教職員の中に、自分たちは助かった、生きている、ここで被災者たちのために何かをしなければいけないという気持ちが芽生えていた。

　復旧に向けて、農学研究科の研究科長や学科長などによって構成される研究科運営会議が震災発生後毎日行われていた。

　私は、震災後 12 日目の 2011 年 3 月 23 日の会議の中で、復興支援プロジェクトを立ち上げることを提案した。当時私は、研究企画担当の副研究科長を務めていたので、このプロジェクトの素案を策定することになった。

　名称は、「食・農・村（しょく・のう・むら）の復興支援プロジェクト（ARP：Agri-Reconstruction Project）」とした。

3月28日朝の研究科全体ミーティングで、研究科の教職員たちに、ARPの立ち上げを提案した。翌朝パソコンを開くと、28人の教員から賛同のメールが届いていた。最終的には53人の農学研究科教員がARPに参画した。これは、農学研究科の教員の半数近くに上る。

　農林水産業の現場に近いテーマの研究をしている教員だけではなく、自分の研究テーマは現場の役には立たないかもしれないが、とにかく何かの役に立ちたいとメールを送ってきた教員もいた。それぞれ大変な状況の中で、集まってくれた教員たちの熱い思いに、私は心を揺り動かされた。

　ここで、ARPの組織に関して説明をしておこう。

　ARPは、農学研究科のメンバー教員が自主的に進める個々のプロジェクトの集合体である。すなわち、教員等は、個々あるいは数名で小グループを組んで、復興支援や、復興に繋がる研究を行う。各教員は、自由に個々の判断で支援プロジェクト立案、支援実施、支援受託、研究展開を行うこととした。ARPは、これらのプロジェクトの活動を管理したり取り仕切ったりすることはない。研究科長や研究科運営会議をトップとするトップダウン方式は取らず、あくまでも教員の自主性に任せたゆるい形を採用した。

　これは、大学教員の研究活動は、他者によって強制されたり管理されるべきではなく、自由が保障されるべきという、大学がもつ古典的かつ基本的な考え方に基づいている。

　高い意識を持った人間は、自由が保障されることによってこそ、最高のパフォーマンスを集中的に発揮することができる。

　ARPは、外部から問い合わせがあった場合、それに関連した専門分野の教員を抽出して、教員に対応の可否を求めるなどといったマッチング（「外部からの情報の伝達」と「要請された支援を関係教員に打診」）や、教員の成果の外部への発信（「広報活動」）、教員が外部資金獲得を求める場合の支援（「外部予算の獲得推進」）などの業務を担うことにした。

2．プロジェクトの全体像

　なお、組織内の業務分担（当時）としては、プロジェクトリーダーの中井が、取り纏め・外部予算獲得の推進・広報活動の中核を担い、プロジェクト支援グループ（大村道明助教、佐藤広美庶務係長、阿部美幸技術職員、佐々木貴子技術職員）が、プロジェクトリーダーの補佐・情報伝達・広報を担当することとした。また、プロジェクト参画研究者は、本プロジェクトへの参画を表明した研究科内の教員（職員も可）とし、個々の判断で支援プロジェクトを立案し現場支援や関連研究を実施することとした。

　支援内容は下記のように定めた。

①支援依頼者に対する各分野の専門家の紹介：
　復興支援に関わることが可能な教職員の氏名と関連するキーワードを公表
②支援体制の構築：
　複数の研究者が必要な場合は研究グループを組織
③問題・課題の収集と分析：
　ウェブサイトに置いた「What's new」のコーナーで意見発信
④フィールドデータの収集と分析：
　現地での調査（土壌調査をすでに開始）
⑤提案：
　具体的な解決策を提示
⑥「東北大学による食・農・村の復興支援報告会」開催：
　東北大学農学研究科主催、食・農・村の復興支援プロジェクト共催
⑦支援依頼の受付：
　農学研究科庶務係が担当

　平常時には、大学内に新しい組織を作る場合、関与する委員会が規定案を作り、一字一句検討を加え、研究科運営会議において検討した後、教授会の議決を経て決定する。ARP に関しては、規定策定は行わず、

直接に教授会に報告しただけで組織としての活動を開始した。

　農林水産省などから外部資金を獲得して、研究を実施する場合には、任意に数人の教員が集まって、グループとして研究を行うことが普通であり、ARP はこれに類した方法でのスタートであった。

　当時を思い返すと、短時間で被災地に対応するためには、このような簡便な形が良かったと思う。

　規定に縛られた組織は、フットワークが悪い。

　規定に定められた定足数の教員を集めるために、まず、日程調整が必要で、会議を開けば、「そもそも論」を長々と述べる委員が出てくるのは必至である。このような委員を説得して、やっと物事を決するといった手順は、非常に手間がかかる。こじれれば、もう一度会議を開く必要も出てくる。とにかく、非効率である。

　とくに、大学教員は、テーマを投げかけられた場合、時間を掛けて沈思黙考して、意見をひねり出すといった習慣が研究生活の中で身に染み込んでいる。研究とは関係のない会議でも、何か言葉を発して、自分の存在価値をアピールしたいといった教員も少なくない。こういった教員は、一風変わった意見や人とは異なる視点からの意見、言い方を変えれば、ひねくれた意見を言うことが自分の存在価値を高めると思い込んでいる。重箱の隅、針の先のようなことでも、もっともらしくコメントして、満足そうに反り返る、こんな風景をよく目にする。

　被災地では、状況は日々変化しており、正確無比な答など存在していない。その時の状態を見て、ベストでなくてもベターな判断を下すだけだ。被災地にとって、時間が勝負である。被災地支援を目的とする ARP では、無駄な会議に労力を使いたくなかった。自由で緩い組織にしたことは良かったと思う。

　とは言え、この様な組織では、慎重な合議が行われないため、中心となる教員が、恣意的に方向性を曲げたり、我田引水の利益誘導をはかったりする危険性をはらんでいる。外部予算を持たず、研究科の予算を使うことなく運営されていた発足当時の ARP は、いわば研究科内ボラン

ティア団体の様なもので、危険性は感じなかった。しかし、外部から多額の寄附金等が届けられるに至って、規定の整備を行うことにした。金銭が絡む場合には、組織の透明性が重要となる。

7月26日、本プロジェクトの運営・管理は、農学研究科の運営会議の下部組織である研究企画室が所掌することと定められた。予算管理の透明化を主目的とするものであるが、被災地の状況もやや落ち着き、ARPの意志決定に若干の時間をかけることが可能になったことも一因である。

研究企画室がARPの総括、財務管理を担当し、その下に、ARPプロジェクトリーダーとARPプロジェクト推進室（プロジェクト支援グループから名称変更）が位置することとなった。組織形態は変更され、本プロジェクトの研究科内での位置づけは若干変化したが、活動は一貫しており、プロジェクトメンバーの復興支援に繋がる専門分野やキーワードの公表、支援を希望する被災者などの募集、研究者の紹介、研究グループの組織化、被災地と研究のマッチング、報告会やインターネットによる情報発信などを行った。

広報としては、インターネットが重要であった。4月1日に、ARPのウェブサイト（ホームページ）を立ち上げた。

ウェブ環境が戻っていない被災地も多くあったが、詳細な情報を少しでも早く届けるためには、インターネットが有効であった。

われわれの活動がマスコミに取り上げられた場合であっても、多くの場合、詳細な内容は報道されない。また、記事によっては、誤解を招くこともある。とくに学術的な解析結果の公表においては、記者が理解した範囲で記事が作成されるため、重要な事項が抜け落ちる危険性がある。

速報性と正確性を求めた場合、ウェブの活用は最適である。

現地での活動や、発信すべき有用な情報は、このウェブサイトや報告会を開催して発信した。

5月11日に雨宮キャンパスにて開催した第1回の報告会は「東北大

学による食・農・村の復興支援報告会」として開催した。内容は ARP レポートとして、ウェブサイトにアップし、これを冊子化し、被災地市町村等約 150 か所へ送付した。ARP 報告会は、7 月 28 日までに 4 回開催し、ARP レポート 2 号の冊子も作成した。

活動は広範囲に及び、安全安心で持続可能な食の確立、農林水畜産業の復興、農・漁村の再興に関する多面的な支援などであった。

2012 年 3 月までの教員の活動を ARP プロジェクト推進室が聞き取り調査を行った。いずれのメンバーも相変わらず多忙を極めており、全員からのデータ収集はできなかった。また、これ以外の活動もあったとは思われるが、おもな活動とプロジェクト数を列記する。

①農業・林業分野

塩害・放射性物質汚染土壌調査、ナタネ栽培、土壌洗浄、海岸林・防風林の被害調査、林業復興、環境影響など。宮城県、福島県などにおいて、15 課題。

②水産業分野

マガキ養殖復興、潜水調査、プランクトン・アラメ・生物調査、水産加工業など。宮城県、福島県などにおいて、15 課題。

③畜産業分野

放射性セシウム汚染飼料米投与実験、20km 圏内のウシの保護および内臓被爆線量調査、土壌由来細菌感染症調査など。宮城県、福島県などにおいて、4 課題。

④教育およびまちづくり

コミュニティ支援、地域おこし、高校教育支援。宮城県、岩手県などにおいて、3 課題。

これ以外に国、県、市町村の委員会委員などとしての活動も多数に上った。

なかでも、塩害農地復旧、カキ種苗生産、被爆家畜調査・保護などに

おいて目立った成果が挙げられ、マスコミにも大きく取り上げられた。

「マガキ養殖復興支援プロジェクト」では、尾定誠教授が中心となって、産官の調整役として働き、東北大学で種苗の安全性解析を行って、壊滅的被害を受けたカキの種苗生産を短期間で回復させた。

「福島原発20km圏内に取り残されたウシの保護プロジェクト」では、佐藤衆介教授が中心となって、野良ウシ化しているウシを保護し、実験・展示用途に転換して一時保管を行う活動を開始した。

「被災動物の包括的線量評価事業」では、磯貝恵美子教授が中心となって、福島第一原子力発電所事故に伴い殺処分される警戒区域内家畜における体内放射性物質の動態解析事業、ウシ等に肉中放射性セシウム濃度のと畜前推定技術（食肉処理前の生体の放射能測定を行ってセシウム濃度を推定する技術）の検証等を行った。

「津波塩害農地復興のための菜の花プロジェクト」に関しては、後段で詳しく述べるが、震災直後に津波被災農地の調査を行い、被害状況を明らかにし、本研究科が保有する世界で唯一のアブラナ科作物のジーンバンクから塩害に強いアブラナ科作物を選んで、農地の被災状況に合わせて農業復興を進める活動を始めた。

とくに塩害農地復旧やカキ種苗生産は被災現場の支援としては実効性が高く、具体的な成果を挙げたといえる。

これらとは別に、漁業者とともに底引き網漁を復活させるために海底調査を行ってきた者や、福島県において河川の魚類の放射性物質汚染調査を続ける者、町議会議員の農業復興のための勉強会の講師を務める者など、目立つことなく、地道な活動を続けたメンバーも多数いたことを記しておきたい。

2-2 「東北大学菜の花プロジェクト」の活動概要

われわれは、「津波塩害農地復興のための菜の花プロジェクト」を7人の教員と1名の職員で立ち上げた。後に、「東北大学菜の花プロジェクト」と呼称されるものである。ARPの組織を整理する中、このプロ

ジェクトは ARP の一つのプロジェクトとして位置づけられた。すでに述べたように、ARP は緩い組織であり、菜の花プロジェクトは、ARP によってコントロールされることはなく、全く自由に活動を展開した。

　ここで、菜の花プロジェクトの東北大学の組織内の位置づけについてまとめてみる。学内組織（当時）を上位から記す。

①東北大学
②大学院農学研究科（山谷知行研究科長、国分牧衛副研究科長、中井裕副研究科長、他、教員約 110 人）
③研究企画室（中井裕室長、他、11 人の委員）
④ ARP（中井裕プロジェクトリーダー、他、53 人のメンバー）
⑤東北大学菜の花プロジェクト（中井裕プロジェクトリーダー、他、7 名のメンバー）

　東北大学では、大学院組織に属する教員が学部を担当することになっているため、組織としては、学部ではなく、大学院が教員組織を運営している。

　大学院農学研究科の組織の中に研究企画室があり、12 人の委員で運営されている。そして、研究企画室が ARP を運営し、ARP の多数あるプロジェクトの 1 つが「東北大学菜の花プロジェクト」である。

　この組織において、私（中井）が、菜の花プロジェクト、ARP、研究企画室のトップと副研究科長を兼ねたことから、活動は非常にスムーズに進められた。

　私は、「社長ではなく、番頭役に徹する」と公言して、常にメンバーの意見を尊重して、公平な立場で活動を進め、各教員のプロジェクトをサポートしてきた。しかし、一人の人間が意志決定や予算執行などに関して強く関わりすぎていることは、多くの危険性を孕む。

　私は公平性の担保を第一に考えて行動したが、このプロジェクトの主流から外れた者の目には、そのようには映らなかったかもしれない。実

際に、不公平感を感じるなど、快く思っていなかった者がいたのは事実である。震災後3年も経たない時期から、新しい動きが見られた。

「農学研究科は、そろそろ復興支援活動から手を引くべきだ。生命科学などの分野を中心にして、国際性を強調した新たな研究科の展開を行うべきだ」との意見を表明する複数の教員が現れた。それらの教員は、メンバーを募って、2015年に研究科内に新たな研究センターを立ち上げた。

私は、研究科が新たな方向の研究を発展することを否定するつもりはまったくない。むしろ推進すべきであると考える。しかし、新規の研究分野の開拓のために、震災復興に関わる研究やプロジェクトを削減する考え方には賛同できない。新規研究と復興研究は異なる次元に存在するものではなく、復興研究の中から国際性を持った高レベルの研究も生み出されつつある。また、農学研究科には、100人以上の教員がおり、十分に余力はある。ここで二者択一を迫る必要はない。

社会インフラの復興は大分目途が付いたが、農業復興は緒に就いたばかりであり、被災地における最大の大学である東北大学は、今後も農業復興に繋がる活動は継続すべきである。学外からも東北大学による農業や農村に対する支援が強く求められており、復興支援の灯火は絶やしてはならない。

さて、「津波塩害農地復興のための菜の花プロジェクト」は、2011年5月12日、（独）科学技術振興機構（JST）の「東日本大震災対応・緊急研究開発成果実装支援プログラム」に採択された。

詳細は他章に譲るが、プロジェクトを概観してみる。

1）塩害農地土壌の被害状況調査

震災直後に宮城県の344地点で塩害農地の土壌分析を行い、除塩など農地修復の基礎となるデータを取得した。これは、宮城県や仙台市との共同研究であり、担当する南條正巳教授および伊藤豊彰准教授は宮城県

の津波被災地を網羅するように現地を歩き回って自らスコップで土を掘って調査を行った（口絵 8）。

2）耐塩性品種の選抜と育種
　50 年以上の歴史を持つ東北大学アブラナ科植物ジーンバンクに保存されていたセイヨウナタネ 56 系統およびカラシナ 34 系統を使用して、塩害に強い耐塩品種の津波被災圃場での作付実験と、学内の温室や川渡フィールドセンターでの選抜および育種を行った（口絵 4）。耐塩性品種は日本の津波被災地に限らず、世界各地の塩害に苦しむ農地での使用が可能であり、現在、新品種実現の段階に入っている。

3）津波被災農地での栽培実験
　ナタネの栽培実験は、津波を被った農地で行う必要があった。これは、実験ではなく、実際の被災農地においてナタネが生長し、ナタネが収穫できることをいち早く示したいと考えたからである。しかし、栽培を行う圃場探しは難航した。この時は、農学部がいかに、農業現場と乖離しているかを味わった。私は畜産を専門としており、水稲作や畑作の農家との繋がりがないため、植物関係の教員に相談した。一人の教員は地域のリーダーの農家と繋がりを持っていたが、残念なことにこの農家ではご夫婦ともに津波で亡くなっていた。また、これといった他の農家や農業団体とのつてはなく、候補となる圃場は見つからなかった。
　私が学生時代に属していたバドミントン部の先輩である遠藤公夫さんに相談した。遠藤さんは津波被災地の若林区内の大地主で、農地も保有していた。
　遠藤さんが所有する田を紹介頂き、現地に赴いた。しかし、この田は道路から一段下がって、元々水はけが悪い場所であった。ナタネは湿度に弱いため、この田を選ぶことはできなかった。
　途方に暮れていたところ、仙台市が候補を探してくれた。市の担当者が間に入って、東部地区で農事組合法人の代表を務める佐々木均さんが

2. プロジェクトの全体像

所有する 30a の水田を借りることができた。

　この仙台市東部地区荒井のこの水田に赴いた。海岸林から根こそぎ引き抜かれて津波に乗って運ばれてきた松が転がり、瓦礫が散乱し、乾燥してひび割れたヘドロが表面を覆っていた。少し離れたところには、床上浸水を被った家々、地震と津波で一部傾いている温室などがあった。この温室では花卉の栽培を行っていたとのことだったが、被害は大きく、後に撤去された。

　われわれも要所要所で手伝って、圃場を整備し、畝立てを行って、秋にはナタネの播種を行った。市が標準としている水田の小作料（貸借料）と労賃を支払ったが、正式には小作ではなく、われわれが持ち込む種子や実験用の苗を使って、佐々木さん自身が耕作する形を取った。

　この農地で活動している折には、周辺に暮らす人々からはよく話しかけられた。彼らは、好奇の目を持ちながらも、われわれの活動を見守ってくれた。

　ナタネは、翌 2012 年春には見事な黄色い花を咲かせた（口絵43、45）。

　これら周辺の住民や多くの人々から、「菜の花によって希望を与えられた」との言葉をいただいた。このことだけでも、われわれが活動した意味があったと感じた。

4）ナタネ栽培の収穫物の活用

　食用菜花の販売（口絵39、41）、プリザーブドフラワー（口絵88）の製造と販売、菜種から食用油（口絵89）やバイオディーゼル燃料、キャンドル（口絵90）の製造などを行った。一流の料理人に手伝って貰って、ナタネ油を使用したカキのオイル漬けやラー油なども作って、試食を重ねたりもした（口絵91）。

　われわれの手でこれらの製品化を実現して、被災者による製造や販売を実現したいと考えたが、途中で限界を感じた。大学としては、菜の花や菜種油の利用方法を具体的に示すところまでが精一杯であった。

自分たちで販売までを担当するとなると、大学メンバーが加わった NPO の立ち上げや、NPO に人材を揃えることが必要であり、限られた数の教員が進めているプロジェクトでは、ハードルは相当に高かった。

　大学としては、原料としてのナタネやナタネ油の生産、これらを加工して作られる製品や加工を担当しうる業者の紹介、販路、などを例示することはできるが、大学教員としては、実際にこれらを動かす能力も時間的余裕もなかった。

　農家が作るナタネを買い上げて、加工・販売する部分をわれわれが担当して、農家が実際に儲かるところまで行って、これを具体的な復興支援の出口にしたいと考えていたが、やはり、ここまでを実行することはできなかった。

　今でも、中途半端な状態で終わってしまったことは残念に思っているが、先端研究と実装研究を両輪として研究を進める限り、ここが限界であったと納得もしている。大学と民間企業の守備範囲は異なる。大学はプロジェクトの滑走路での加速を担当し、離陸は民間に任せざるを得ない。加速が十分であるかの見極めは難しいが、この割り切りが必要だと思う。

　一方、搾油したナタネ油は精製して瓶詰めし、食用としてわれわれのイベントや外部のボランティア活動などに提供した。食用油の精製は、宮城県角田市の角田健土農場に依頼した。製油料金は、1,418 円 /kg 程度であった。

　食用以外のナタネ油はバイオディーゼル燃料（BDF）の生産に用いた。千田清掃社が搾油と BDF 製造を担当した。これらの BDF は、通常の軽油に対して 5％添加して、「B5」燃料とし、建設重機用や、大学の実験農場のトラクター用の燃料として活用した。

5）農家への支援

　昔、ナタネは全国で栽培されていたが、現在の栽培地域は北海道や青森など限られており、仙台周辺ではナタネ栽培に馴染みが薄い。われわ

2. プロジェクトの全体像

れは、栽培方法などについての相談に応えてきた。また、アブラナ科の
植物は、種間交雑の可能性があることが多くの人に知られているが、種
間交雑の危険性を過大に考えている人も多い。

　この点に関しては、関係者からの質問に丁寧に答えると共に、より多
くの人に知って貰うためウェブサイトに情報をアップした（http://www.
nanohana-tohoku.com/faq.html）。

　一方、ナタネ乾燥機など高価な農業機器の導入を希望する農家には、
支援企業などとの間の橋渡しを行った。実際に企業からの寄附を受けた
例もあった。

　農業との直接的な関わりに関しては、次章に詳細を記す。

6）広報およびイベント

　2011年5月12日にJSTのプロジェクトとして採択され、その結果が
全国紙および地方紙に掲載された。その結果、6月2-3日BS-TBS、10
日公明新聞、20日別所哲也さんのFM番組JWAVEなど、マスコミの取
材や出演などが相次いだ。

　2012年3月30日までの報道・学会等での情報発信件数は総計150件
以上に上った。内訳は、展示会等出展5件、シンポジウム等39件、新
聞報道55件、TV放映20件、ラジオ報道6件、雑誌掲載10件、論文
発表として国内誌5件、国際誌2件、国内学会招待講演4件、ポスター
発表2件、国際学会口頭発表1件であった。海外からの取材もあり、シ
カゴのフードライターであるLouisa Chuさんや、トルクメニスタン等
中央アジア8カ国8名の記者の来訪があった。

　JSTのプロジェクトに採択されたことによって、全国的にわれわれの
活動が報道された。このことは、活動費を得たこと以上に重要であり、
支援企業やボランティアの確保に繋がったと考えており、JSTの発信力
に大変感謝している。

　イベントとしては、ヘドロ除去や播種、刈り取りなどの他、菜の花プ
ロジェクト現地説明会などを実施した。

29

これらの広報活動やイベントを通して、ナタネ栽培やナタネの活用などについて広く知って貰うように努めた。

7）地方自治体および他プロジェクトとの連携および支援

　津波被災農地の土壌調査を、宮城県および県の研究機関と連携して実施した。

　仙台市は、仙台市東部地区の実験栽培用農地選定に当たって、佐々木均さんとの交渉窓口を務めて、貸与条件などの調整を行ってくれた。また、2011年の市農業園芸センターの沈床花壇および2012年の実験畑を無償貸与、現地見学会に当たっては、農業園芸センターの講堂の貸与なども支援いただいた。2013年には奥山仙台市長が、ナタネ収穫イベントに来訪し、講演および現場見学を通して参加された（口絵63）。

　県および市は、復興対策事業に追われ、われわれのプロジェクトとの密な連携を図る余裕はなかったが、プロジェクトに対して、友好な関係を築いて、できる範囲での支援をしてくれた。

　一方、全国組織である菜の花プロジェクトネットワークとは、2011年10月以降連絡を取り合いながら、協調体制を取ってきた。2012年に須賀川で開催された菜の花サミットに招かれ、われわれの活動を報告した（口絵42）。また、このネットワークが中心となって企画した南相馬の播種イベントにも仙台から参加した。われわれが放射性物質汚染農地での栽培実験を行う際には、このネットワークのメンバーのサポートを受けた。

　みやぎ生協は、「食のみやぎ復興ネットワーク」を2011年7月2日に結成し、活動の一つとして「なたねプロジェクト」を行っている。岩沼市沿岸部の農地で、なたね栽培に取り組む生産者を応援するプロジェクトである。「菜の花はちみつ」や「なたね油」、それらを使った製品を販売している。その活動に直接に関わることはなかったが、みやぎ生協が活動を開始するに当たって、栽培方法などに関して相談を受けたことはある。

2. プロジェクトの全体像

　2015年からは、新たに結成された農事組合法人「玉浦中部ファーム」が生協プロジェクトの栽培地を管理している。本ファームの代表理事は、2011年にわれわれの活動に参加した佐藤武直夫（むねお）さんであり、われわれと共に行った栽培の知識や経験がこの生協のプロジェクトに生かされているともいえる。

　宮城県名取市北釜地区では、「ナタネによる東北復興プロジェクト」が2014年より開始されている（口絵81）。東北福祉大学の渡辺誠教授やジャパンローヤルゼリー（東京）が中心となって活動を行っている。塩害に強い菜の花を栽培しながら養蜂家を育成し、菜種油や蜂蜜の生産で農業を再興させようというコンセプトの下に、30haのナタネ栽培を目指している。2015年には、4.2haで栽培を行い、1,600kgのナタネを収穫したという（河北新報2016年8月8日）。10a当たりに換算すると、収量は38kgである。農林水産省発表平成27年産なたね（子実用）の10a当たり収量は、北海道309kg、都府県122kg、全国191kgであり、北釜では苦戦を強いられている。ナタネは湿害に弱いことから、農地の排水不良が問題になっているようである。この点や肥料に関して、復興庁主催のイベント「新しい東北」のブースで意見交換を行ったことがある。われわれのプロジェクトの栽培や土壌の専門家の派遣の可能性もある。

　2011年10月に、松島町の磯崎・手樽地区農地塩害対策推進協議会と株式会社プロジェクト地域活性が中心となって展開する「松島町菜の花プロジェクト」（口絵35）への支援要請があった。この時点での打合せでは、年内の播種は困難と判断し、2月にナタネを低温処理し、これを播種することとした。バーナリゼーションとよばれる方法で、種子を高湿度下で1カ月ほど低温に置くと、植物は冬を越したと感じて発芽する。種子の量が多いため、農学部の冷蔵庫ではなく、農家の低温庫を利用して低温処理した。しかし、低温庫の自動霜取り装置が働いて、定期的に温度が上がったようで、3月の播種の際には、すでに多くが発芽していた。そのために、圃場では十分な生長は得られなかった。

31

大船渡や釜石において、復興支援活動を展開してきた山田周生さんとは密な連携をとった（口絵53、54、55）。山田さんは「菜の花大地復興プロジェクト」を岩手県で展開していたが、われわれのイベントのために遠路駆けつけ、写真撮影や広報など多岐にわたって支援してくれた。また、われわれも、山田さんのプロジェクトに対して、種子の提供や栽培法に関するアドバイスを行った。当時、彼らは、津波被災地に隣接した山側の非被災農地での栽培も視野に入れ、農業者と接触を図っていた。比較的うまく行っている場所もあったが、釜石から遠野に続く峠道の途中にある橋野において栽培を試みようとしたところ、周辺農家から、橋野の在来種である「橋野かぶ」とナタネの交雑の危険性を指摘された。本書でも解説するが、西尾教授が交雑の可能性は限りなく低く、交雑しても種子が広がる危険性は低いことを山田さんを通して伝えた。交雑の可能性はせいぜい1万分の1程度と説明したが、住民は、今回の津波は千年に一度（最近の研究では、400年に1度とも言われている）の規模といわれるが、来る時は来る、確率が低くても交雑の危険性があるのであれば、避けたいという反応だったと聞く。安全と安心の違いの論議でよく言われるが、科学は安全性の程度を示すことはできるが、それが安心に繋がるかは別問題である。

8）教育活動

　「東北大菜の花プロジェクト」の教員メンバー（口絵92）は、菜の花プロジェクトの活動に関連したテーマを従来のテーマに加えて研究を実施した。それらは、植物育種、土壌、栽培、資源循環、IT農業などに関するもので、教員個別にテーマを設けて、卒業論文、修士論文、博士論文などの指導を行った。

　学生や院生たちは、震災は目の前で起こったものであり、現場に対して強い問題意識を持って、短期、中長期の復旧、復興に繋がるテーマの研究に臨んだ。たとえば、私の研究室では、災害時にも強い電力供給システムであるルーメンメタンハイブリッドメタン発酵システムを開発し

2. プロジェクトの全体像

ているが、これに関係したテーマで1名が博士号を取得し、現在ポスドク1名と修士課程の学生1名が研究を行っている（口絵67）。震災復興という具体的なゴールを目指し、基礎から応用、そして実装に繋がる研究は、学生や若い研究者が自分自身の体験を基にしているだけあって、より高いモチベーションで臨むことができる。研究室に籠もらずに、社会に飛び出して研究を行うことは、若手研究者にとって貴重なチャンスであり、プロジェクトの存在は、大学教育において、高い効果をもたらした。

　一般社会人などを対象とする菜の花に関する見学会や公開講座などを実施し、多くの人々にわれわれの活動や、菜の花に関する科学について理解していただいた（口絵58、59、60）。

　われわれが、南相馬市に訪れた際、相馬農業高校の生徒たちが熱心に菜の花の栽培を行っていることを知った。その時、生徒たちに、われわれの取組を知ってもらいたいと思った。とくに、ナタネの栽培だけではなく、それがどのように社会に繋がっているかを見て貰いたかった。種子を収穫した後にどのようにしてバイオディーゼル燃料（BDF）が作られるのか、ナタネの茎葉を利用して作られるメタン発酵はどのようなものなのかを知ってもらい、メタン発酵によって作られる電気や電気を利用した自動車などの現物を見て学ぶ機会を設けようと考えた。われわれのプロジェクト側で準備を行い、バスをチャーターして生徒を招待した。

　当日は、持地勝博教諭ら3人の先生に引率された19名の生徒が参加した。大崎市役所で市が進める「おおさきバイオマスタウン構想」の説明を受けた後、千田清掃社のBDF製造プラントを見学した。プラント見学後、新幹線で古川駅に到着した京都農芸高校の鈴木嘉之教諭と3人の生徒が加わった。その後、東北大学大学院農学研究科附属川渡フィールドセンターに移動し、夜には、菜の花を巡る生徒たちの発表や意見交換が行われた。翌日は、フィールドセンターのメタン発酵プラントや、電気自動車を見学し、密度の濃い2日間を過ごした（口絵64）。

33

大学の大規模な施設や研究施設を見学することにより、生徒たちの視野は大いに広がったようであった。この様な教育プログラムはもっと多くの高校などに対して実施したいところであったが、この1回で終わっている。

9）研究成果としての取り纏め

これらの活動と並行して、先端的な研究成果として、学術雑誌などに報告した。本プロジェクトに参画した教員はすべては先端的な研究を展開しており、関係分野の学会長などを務める著名な研究者である。復興支援事業に忙殺されていたが、その中で学生や大学院生の指導を続け、着々と学術論文や総説を書き上げていた。手間と時間のかかる活動をしながらも、国際学会で発表したり、関係学会の国際誌で特集を組んだりしていた。

私は、「研究は実験を行うだけではダメ。学術論文にまとめて、その成果を世に問うてはじめて完結する」と学生たちを常に叱咤激励している。

菜の花プロジェクトのメンバーたちは、しっかりと高い学術レベルの論文にまとめ上げていた。泥まみれになって現地活動をしながらも、大学の教員としての務めである研究成果の論文化を果たしてきた素晴らしいメンバーによって、このプロジェクトが構成されていたことを再認識した。

プロジェクトの詳細は単行本として発表された。「菜の花サイエンス ―津波塩害農地の復興―」（東北大学出版会）および、Springer 社出版の「Post Tsunami Hazard Restoration and Reconstruction」に掲載された「The Agri-Reconstruction Project and Rapeseed Project for Restoring Tsunami-Salt-Damaged Farmland after the GEJE-An institutional effort.」としてまとめられている。また、この内容は、2013 年に横浜で開催された、日本地球惑星科学連合大会国際セッションで英語発表し、ハイライト論文に選出されている。

2．プロジェクトの全体像

10）ナタネを中心とした地域資源循環とエネルギー生産

　BDF の製造過程で副成物として出るグリセリンは、通常は焼却処分されているが、われわれは、このグリセリンをメタン発酵に活用する技術を開発した。この研究には、私の研究室の博士課程の馬場保徳君や多田千佳准教授が精力的に進めてくれた。

　川渡フィールドセンター内に 50m³ サイズのメタン発酵タンクを設置して、メタンを作り、このガスを用いて発電機を動かして、バイオガス発電も行った。この電気は、研究室で購入した電気自動車「トヨタ・コムス」の充電などに用いた。

　バイオガス発電は北海道、山梨、静岡、京都などで行われているが、売電が中心であり、直接に電気自動車の充電することは行われていない。われわれの試みは、バイオガス発電のオンサイトで電気自動車を充電するもので、まさに、エネルギーの地産地消を地で行くものである。

　仙台の近所の家庭でも、ガレージ内にコードを引き込んで日産のリーフを充電する姿を見るし、ヤクルトの販売所には、数台のトヨタのコムスが並んでいる。また、充電とガソリンを併用できるトヨタのプリウスや三菱のアウトランダーなどのプラグインハイブリッド車（PHV）も街でよく見かける。電気自動車は、一般的になりつつある。ただ、充電式のトラクターや農業機器は試作段階で、一般的ではない。小型で力のあり、しかも安価な電気式のトラクターや農業機器が登場すれば、本格的な脱石油エネルギー型の農業が実現する。

　メタン発酵後に残る液は、消化液とよばれ、農地にまく肥料として有効使用できる。家畜排せつ物などの有機物由来の消化液は、有機 JAS 規格に合致する有機農業用の有機肥料として利用することができる。

　さらに、牛の胃の中に生息する微生物を使い、菜の花の茎や搾りかすを分解し、メタン発酵させる研究も進め、新たな 50m³ の実証実験施設が稼動を始めている。

　われわれは、塩害に強い菜の花を栽培し、食用にするとともに、グリセリン、搾りかすなどをエネルギー化し、発酵後の液肥も農地に還元す

る、いわば菜の花を使い尽くす技術を具体化し、公表してきている。

　今後は、「食とエネルギーの地域循環」を構築し、復興を加速していくことが一つの目標である。

2-3　「東北大学菜の花プロジェクト」を支えた人々

　このプロジェクトは、われわれ教員だけでは決して進めることができなかった。プロジェクト全体に関して、準備や実務を担当する職員の存在が不可欠であった。

　立ち上げ当初には、佐々木貴子技術職員、阿部美幸技術職員たちが教員と一体となって活躍してくれた。

　佐々木さんは私の研究室に所属する職員で後方支援として、とくに私の活動を支えた。阿部さんは、資源環境経済学の学系に属する技術職員であったが、学系の仕事をこなしながらも、平日の空き時間にプロジェクト関係の諸業務を担当し、休日返上でイベントなどにも積極的に関わった。二人は、プロジェクト立ち上げの重要なメンバーたちである。

　なお、ARP に関しては、大学側の公式窓口として、佐藤広美庶務係長が加わり、関係する諸制度の調整や、外部からの問い合わせ対応を担当した。

　2 年目からは、大串由紀江研究支援員が加わった。彼女は、ARP の予算によって雇用された研究支援員であり、ARP のメンバーをサポートして、予算申請や予算管理、報告会の開催などに携わった。とくに、ARP の中でも、規模が大きい復興支援・研究プロジェクトである菜の花プロジェクトの業務を精力的に担当した。

　ナタネの播種や収穫などのイベント開催、マスコミや国連事務局などの取材に対する対応、「菜の花サイエンス」の出版、英語総説執筆時のスペイン人の編者とのやりとりや英文の校正など、ありとあらゆる分野で活躍してくれた。播種イベントでは、旦那さんが受付、お子さんが種まきを担当したり、家族挙げてのプロジェクト支援であった（口絵58）。また、農業としての菜の花のあり方を考えるために、2013 年 2 月

2. プロジェクトの全体像

に私と大村助教とともに、南房総館山に出かけたが、その際、大串さん
は調査の立案の段階から調査先との調整など隅々まで細かい準備をし
た。切り花や食用の菜花の生産現場に赴いて、生産性や収益性に関して
有益な情報を得ることができた。帰路には、熊谷市の米澤製油株式会社
の視察も準備してくれ、非常に密度の高い有意義な時間を過ごせた。私
は、被災地で活動を続けている中で、菜の花プロジェクトに蛸壺感を感
じ始めていた時期だけに、視野を拡げる良い機会であった。

さらに、南相馬市でのナタネ栽培に関しても、先方との調整や、福島
原発 20km 圏内でのナタネ栽培などにも現場に入って活動した。2014
年 11 月の農水省フード・アクション・ジャパン・アワード受賞、2015
年 3 月仙台で開催された第 3 回国連防災世界会議でのシンポジウムなど
においても、大いに活躍した。また、ラジオやテレビ出演、講演会など
の依頼対応など、教員たちのマネージャー役も務めてくれた。なお、彼
女を含め、佐々木さん、阿部さんは、農学系の大学院修士課程を修了し
ており、専門的な農学の知識を持って、教員や外部に対応できる優秀な
人材の存在は大きかった。

菜の花プロジェクトの活動が多岐に及んだせいもあるが、復興に関わ
る仕事では、現地の担当者との連絡や調整、マスコミ対応など思いの
外、多くの時間を割かれた。現地での活動を行いながらも、それに関連
した研究活動を展開しようとする大学の復興プロジェクトでは、マネー
ジャーとして活動し、かつ学問的な専門性にも対応できる人材の存在が
不可欠である。

ほとんどの場合、大学ではこの役割を教員自身、または研究室の若い
教員が担っている。これでは、自身の専門分野での研究と学生の教育が
おざなりになる。研究の停滞はその後の研究の発展に大きく響く。ま
た、教員にとっては、長い研究生活の 1 年かもしれないが、研究室に配
属された学生にとっては、一生のうち、一回しかない大切な卒論や修論
の時間である。大学教員の本来の業務をないがしろにしないためには、
有能なサポートスタッフの存在が必要である。

37

とはいえ、本プロジェクトでは、大村助教が研究者としてだけではなく、プロジェクト運営の中心となって動いてくれた。大村助教に多大な負担を掛けたことは事実である。彼が中心となって、新たな活動の案や予算獲得方法などを考え、彼が大串さんやその他のサポートメンバーに指示を出すことによって、ARPや東北大学菜の花プロジェクトが滑らかに進んできたと言える。彼は、自分自身のテーマで研究を行うと共に、プロジェクト遂行の中心人物であり、サポートメンバーのとりまとめ役でもあった。大村助教の存在がなければ、このプロジェクトは動かなかった。

　サポートメンバーとしては、安住南渚子さん、菊地永さん、御領尚美さん、寺島圭子さん、千葉耕士さんが事務・会計に留まらず多くの仕事をこなしてくれた。安住さんと菊地さん、千葉さんは、現在もARPの後継機関である東北復興農学センターの非常勤職員として、センター業務にあたっている。また、現場作業に当たっては、作業機の運転など、農学研究科附属川渡フィールドセンターの八嶋康広さんらの技術職員の参画も重要であった。

　菜の花プロジェクトのメンバー教員は、手弁当ですべて自分たちの力で支援活動を行うつもりでプロジェクトを立ち上げた。実際に、被災地に自分の足で赴き、被災者の意見を聞き、必要なアドバイスをし、現地でサンプリングをして、持ち帰って分析、イベントの構想・準備、予算獲得のための書類作成、原稿執筆、学会等での発表、現場を対象としたテーマでの学生の指導、マスコミ対応などに相当の時間を費やしてきた。とはいえ、この5年間の活動を振り返ると、教員の力だけでは、復興支援活動は困難だったと思う。マネージメント、広報、連絡、会計などの業務をこなす専属の人材がいなければ無理だった。一定規模の復興支援活動を継続的に行うためには、組織立てた人的裏付けが重要である。教員の気合いで乗り切れるといったものではない。

　大学内部の体制に加えて、外部からの人的および予算面での支援が大

2. プロジェクトの全体像

変ありがたかった。時系列に沿って説明する。

　全般にわたって、継続的に強力な支援を行ってくれたのは、有限会社千田清掃である。同社は、大崎市に本拠地をおく一般廃棄物収集運搬や浄化槽保守点検を主たる業務とする会社である。

　中井研究室は震災前の2009年度から3年間、宮城県の3R新技術研究支援事業の補助金を得て「有機物のバイオガス化を中心とする地域的処理の最適化」の共同研究を同社と実施していた。同社は震災直前に廃食用油を用いたBDF製造プラントを完成し、自ら休耕田で菜の花の栽培を行って、栽培や収穫についても精通していた。また、同社は、「おおさきバイオディーゼル燃料地域協議会」（後に「おおさきバイオエネルギー地域協議会」に改称）の事務局を務めており、地域自立型エネルギーにも強い関心を抱いていた。

　震災時には、BDFプラントの地下タンクに蓄えられた軽油を使って自社の車での支援事業を行い、この軽油を大崎市の車などへも供給して、震災直後の復旧活動を精力的に行った。

　復興後1カ月が経った4月11日に開催された、おおさきバイオディーゼル燃料地域協議会の会議において、中井は千田信良社長に、今後の菜の花プロジェクトに対する支援を依頼した。社長は即決で、全面的な支援を約束してくれた。

　実験圃場のヘドロ除去の際には、社長は、社員を引き連れて駆けつけた。車に分乗して現れた彼らは、ホームグラウンドのピッチに整列したサッカー選手のように、余裕と自信に満ちており、これから始まる一日の作業に不安を感じていたわれわれに大きな安心を与えてくれた。現場最強といえるチームの助けを得て、丸一日、120人のボランティアと共に水田の雑草とヘドロ除去を行った。しかし、この人数をしても、夕方までに20aの除去を終えるのが精一杯であった。

　当日に除去しきれなかった残りの10aに関しては、後日、同社がユンボ（パワーショベル）を持ち込んで、10cmの厚さでヘドロ層を取り除いた。均一な厚さでのヘドロ除去は職人芸といえる。汚水処理用の沈砂

39

槽表面の汚泥除去などを通常から行っている彼らならではの腕であった。

第2の実験圃場であった仙台市農業園芸センターの沈床花壇に関しては、新品の小型耕運機を調達して持ち込み、ボランティアが集合する前に、綺麗な畝を立て、播種の準備をしてくれた。

2012年春には、ナタネ収穫用に改造したコンバインを持ち込んで、短時間でナタネの収穫を行ってくれた。また、収穫したナタネの搾油やナタネ油からのBDF生産も担当した。

さらに、2012年、2013年においても播種、収穫、搾油までにわたって、われわれの活動に対して、多くの場面で支援してくれた。とくに、2012年に収穫したナタネにはカメムシが大量に混入しており、これを手作業で除去するのは難航したと聞く。

千田社長、小西俊夫常務取締役、鈴木昌好業務次長、はじめ、同社社員のサポートがなければ、われわれの現場における活動はここまで展開できなかったとつくづく思う。

9月になって、仙台市中央卸売市場で卸売業務を行う株式会社宮果が登場した。「農業現場を知るプロ」として、われわれのプロジェクトに有意義な意見を多く述べてくれると共に、播種や収穫に関して支援してくれた。

遠藤哲夫社長は、私と初めて会った時に、
「大学は口だけで何もしやしない。どうせすぐに復興支援から撤退するだろうと思っていた。しかし、活動を続けている姿を見て、駆けつけることにした」と笑いながら話した。そして、
「ナタネを栽培して農業が儲ける仕組みを作るためには、『ナタネ栽培ができる農業者』と『実際に栽培する複数の農家』が必要」と続けた。

遠藤社長は、以前から、農家に対して、消費者や市場が求める農産物の種類や品質に関して具体的な提案を常々行っており、農家との密な連携網を持っていた。その中から、適した農家を選定して、栽培できる農業者として、岩沼市の篤農家である平塚静隆さんを連れてきた。

40

2. プロジェクトの全体像

平塚さんは、酒米を育種して委託醸造で日本酒を造ったこともある先進的な農家であったが、津波で自家用車以外の物をすべて失っていた。震災当日は、地震を受けて避難した阿武隈川堤防の上から、家や農業機械がすべて流されて行くのを、何かさっぱりしたような気持ちで眺めたという。平塚さんは避難所に住みながらも新しい農業を考えはじめ、津波被災田畑の復旧のためにナタネ栽培を用いることに強い興味を持っていた。

平塚さんの農地は、すぐには復旧が困難であったため、仙台東部高速道路の岩沼インターの海側に農地を持つ、佐藤武直夫（むねお）さんの協力を得て、ナタネ栽培を行った。佐藤さんの農地は津波の冠水を受けていたが、瓦礫やヘドロの蓄積はわずかであった。

この農地は、仙台平野でよく見られる「居久根（いぐね）」と呼ばれる防風林の杉によって囲まれていた。杉は塩害に弱いため、冬を越すことができずに枯れた。それほどに高い濃度の塩分が土壌に染み込んでいた（口絵29、45）。

しかし、ナタネは順調に生長した。

菜の花が咲く前の時期に、葉菜としての「菜の花」を宮果社の従業員が主となって収穫し、宮果社を介して、仙台三越、みやぎ生協、イオン、マックスバリュなどに出荷した（口絵41）。これは、「復興菜の花」と銘打って販売され、いずれの店舗でも、飛ぶように売れた。震災から1年がたち、消費者は復興の兆しを、菜の花を通して、目と舌で感じたかったのだろう。この試みは、市場と農家の連携がなければできなかった取組であった。

ただし、菜花の収穫には多くの労働力が必要な上、新鮮な状態で販売するために指定された時間までに店舗に納入する必要があるなど、家族経営の被災農家が継続的に取り組むための問題点が浮き彫りにされた。

なお、佐藤さんは、現在、農家8軒からなる農事組合法人「玉浦中部ファーム」の代表であり、みやぎ生協などの協力を得て、いまでもナタネ栽培を続けている。

朝日工業株式会社の赤松清茂社長と、朝日工業グループの株式会社環境科学コーポレーション（現：ユーロフィン EAC 株式会社）の一柳淳一社長と社員が 2011 年 5 月 11 日の ARP 第 1 回報告会に訪れ、ARP および菜の花プロジェクトへの支援を表明した。

　環境科学コーポレーション社は、土壌分析や放射能調査を専門とする会社であり、これらの専門分野でわれわれを支援してくれた。

　一柳社長をはじめ多くの社員は、われわれの活動にボランティアとしても参加してくれた。とくに、同社の丸谷聡東北事業所長や御領岳さんは、福島県南相馬市での菜の花プロジェクトや、放射性物質汚染農地でのナタネ栽培実験などで活躍した。丸谷さんは 2013 年に福島県職員に転職し、除染対策に関わっている。縁もゆかりもない東北に来て、"よそもん"と称しながら、関西に残した奥様に「ここに骨を埋めるつもり」と告げて、復興に携わっている姿には頭が下がる。

　6 月 30 日に株式会社キナリからメールがあった。キナリ社は自然派化粧品「草花木果」を販売する会社で、資生堂の子会社である。

　7 月 11 日手島洋管理部長と松川道子さんが来訪した。菜の花に因んだエコバッグを作って、化粧品のネット通販サイトにおいて販売し、販売額の一部を寄附したいとのことであった。その後、大学本部との調整に入ったが、大学のプロジェクト名をロゴに入れた商品を販売して、収益をプロジェクトに還元する試みはこれまでにないもので、結論がでるまでに大分手間取った。最終的には、エコバック自体に東北大学の名前を入れるのでなければ問題はないとの大学本部事務の結論を引き出して、寄附の受入が可能となった。キナリ社からの寄附金は、124 万円に上った。キナリ社からは、宮栄太郎社長をはじめ多くの社員が播種イベントなどに参加した。

　キナリ社からの寄附は、外部からの初の申し出であり、強く印象に残っている。また、化粧品の購買者が、ネットを介して、われわれのプロジェクトを知り、寄附の意識を持ってバッグを購入してくれたことに大変感謝している。復興支援活動は、孤立化しやすいものであるが、外

2. プロジェクトの全体像

部との繋がりを認識することにより、その孤立感を払拭することができる。外部の企業と連携するための仕組みを整えるためには多くの時間を取られたが、その価値は大きい。

2011年7月5日に、キリンビール株式会社の栗原邦夫CSR推進部長とキリンビールマーケティング株式会社の臼田敦朗東北統括本部長が来学した。

キリングループとしては、グループをあげて「復興応援 キリン絆プロジェクト」として東日本大震災復興支援に継続的に取り組むべく、3年間で約60億円を拠出する予定であった。農業に関しては「農業の復興・再生に向けた基盤整備」をテーマとして寄附を行うと共に、社員ボランティアの派遣も行うことを決めていた。この方向性に合致しているとしてARPに対する支援が打診された。これは、キリングループのCSR（Corporate Social Responsibility：企業の社会的責任）の一環として考えているとのことであった。その後、元仙台工場長の高橋尚登生産本部長らとの打合せなどを行った。

寄附金の受入体制が整わず、学内の調整に手間取ったが、最終的には、12月末に2,000万円の寄附を頂いた。使途としては、農・畜・海産物の放射能分析機器購入一部補助1,220万円、ARP事業費230万円、ARP研究助成として550万円であった。研究テーマとしては、農作物の安全・安心のための放射線量計測・トレーサビリティシステムの構築—最新IT技術の農業・社会への実装—（大村道明助教・菅野均志助教）、津波被害農地の空間解析 —被災農地の時系列データベース作成と現地アンケートと観測衛星データの連結—（米澤千夏准教授ら）、復興支援のための園芸作物におけるゲノム・イオノーム解析（金山喜則准教授ら）、被爆家畜の放射線セシウム蓄積量のモニタリング（廬尚建准教授ら）、放射性セシウムに汚染された放牧地のウシによる除染技術の開発（佐藤衆介教授）であった。

この寄附金は、菜の花プロジェクトへの直接のものではなかったが、この寄附によって購入したNaIシンチレーションカウンターやゲルマニ

ウム放射線測定器などは、菜の花プロジェクトでも使用した。

同社の伊藤一徳さんは、CSR推進部渉外担当専任部長として、定年を延期して仙台に赴任していた。3年間にわたってわれわれのプロジェクトに対する窓口として活動した。キリングループからの申し出があった当初、大学の担当事務部は、研究以外での寄附受入は大学の現行制度に合わないから無理だとしており、伊藤さんに説明する態度は、私の目には、寄附希望企業に対するとは思えない傲慢なものに映った。しかし、伊藤さんは表情一つ変えずに対応し、最終的には寄附に漕ぎ着けた。飲食店への営業で鍛えた強者である。臼田部長や多くの社員とヘドロ除去に汗をかき、1年目の菜の花鑑賞会後に仙台市中央部で開催された菜の花写真展や復興マルシェも仕掛けてくれた。

この時の菜の花鑑賞会のイベントでは、東北大学公認東北大学地域復興プロジェクト "HARU" が中心となって、「菜の花写生＆写真コンクール」を開催した。HARUは、東北大学の学生ボランティア団体であり、HARUの支援テーマの一つに菜の花プロジェクトを挙げていた。また、HARUからは個人的にヘドロ除去や播種のイベントに参加してくれたメンバーもいた。

一方、仙台市若林区を中心に活動するReRootsからもわれわれのイベントに参加する学生がいた。ReRootsは農業を中心とした被災地支援を今でも活発に続けている。活動場所が、われわれの荒井の実験圃場に近いこともあり、しばしば、その活動を目にした。ある夏の夕方、ボランティア現場から戻るのであろう、10人ほどの若者がスコップなどを前カゴに突っ込んで、疲れた体でのろのろと買い物自転車を連ねて走る姿を目にした。この場所から仙台市の中心までは、まだ10kmほどはある。夕日に照らされて、黙々とペダルを踏む彼らの姿に、孤高の気高さを感じるとともに、無理をし過ぎないで欲しい、精神的・身体的に潰れないで欲しいと願った。

なお、ヘドロ除去や播種の際には、一般のボランティアも募集したが、その際、中心的に動いてくれたのは、仙台市宮城野区ボランティア

センターだった。われわれの活動は、個々の農家や住宅を支援するボランティア活動と異なるため、ボランティアセンターの業務対象外では、との意見もセンター内にはあったようであるが、古澤良一副センター長が認めてくれ、多数のボランティアをわれわれのプロジェクトに振り分けてくれた。古澤さんは、元南光台小学校の教頭で、被災者や復興プロジェクト目線の柔軟な考え方を示してくれた。

8月になって、株式会社ヤラカス舘の中間大維さんから電話があった。

まずはじめに、「会社名に驚くかもしれないが、110年の歴史を持つ関西のコンサルティング会社です」と名乗った。復興支援の仲介業務を担当しており、プロジェクトの支援を検討している企業があるので、プロジェクト内容を聞きたいとのことであった。

8月30日、中間さんは株式会社クレハの佐藤通浩リビング営業統括部長とともに来訪した。クレハ社のいわき市にある主力工場はかろうじて津波の被害は受けなかったものの、地震による大きな被害を受け、その時の体験に基づき、東日本大震災を風化させないため今後3年間にわたって被災地を継続的に支援する「いっしょに笑顔。東日本応援プロジェクト」を立ち上げたことを佐藤さんは説明した。岩手県・宮城県・福島県で、それぞれ地元密着し、様々な支援活動を実施する予定であり、その一環として、われわれに対する支援を考えているとのことであった。

キリンの場合もそうであったが、寄附を行う側と受ける側のマッチングは難しく、ヤラカス舘のようなマッチングを専門とするコンサルタント会社の存在は重要であった。当初、われわれは、ARPとして寄附を受けることを考えていたが、クレハ社は食を中心とした支援を目的としており、寄附金の使途を明確にするためにARPでは漠然とし過ぎるという考えであった。

実際には、クレラップ1本1円といった形で寄附金を積み立て、これを寄附に当てる。すなわち、スーパーマーケットの店頭において、クレハ社は消費者に広告を出し、消費者が、クレラップを購入することに

よって、売上の一部が、菜の花プロジェクトに寄附をされる仕組みである。すなわち、クレハ社は、消費者と大学の間に入って公正に寄附金を届けるということをもっとも重視していた。したがって、寄附する金額は公正でなければならないし、大学側も消費者からの寄附であることを忘れないよう念を押された。

そのために、たとえば、研究の結果として、特許が成立したり、収益が上がったりした場合、クレハ社はその知財や利益を得てはならず、大学もそれは避けるべきと厳しい制約が付けられた。これまで、幸いなことに、菜の花プロジェクトは収益が上がるようなものではなく、問題は生じていない。

年2回、合計6回の寄附を頂き、合計額は、8,000万円に上った。この寄附によって、広報、現地での栽培、土壌分析、耐塩性品種の開発、事務局運営など幅広い活動が行えた。クレハ社は、われわれの活動に対して意見を挟むことなく、自由に活動させていただいたことを心から感謝している。

企業の社会貢献活動は、CSR（Corporate Social Responsibility：企業の社会的責任）から CSV（Creating Shared Value：共有価値の創造）へと移りつつあると言われる。実際、キリン株式会社は CSR 推進部を改廃し、日本発といわれる CSV 本部を 2013 年 10 月に設立している。CSV は、企業の経済価値と社会価値を同時に創造するビジネス戦略の一環と位置づけられる。

乱暴な言い方をすれば、寄附をすることによって、CSR では儲けは生み出さないが、CSV では間接的に儲けを生み出す。

CSV は、企業の競争戦略論で知られるハーバード大学のマイケル・E・ポーターなどが唱えたもので、いわば、寄附を行うことによって企業側にも明確なメリットをもたらすべきという米国流の新しい考え方である。今回、寄附を巡っての企業風土の違いを学ばせて貰った。

これら以外にも、パルシステム生活協同組合連合会からは、有機米おにぎりの試食会の参加者による寄附や、東北博報堂の菜の花キャンドル

2. プロジェクトの全体像

の売上金などの寄附を頂いた。

　われわれのプロジェクト活動は、多くの寄附金によって支えられてき
たが、大学は、この様な寄附金が寄せられることに関して全く予想して
おらず、すでに述べたように、多くの混乱が生じた。

　東北大学では、研究費を外部から受け入れる場合に、当時は、奨学寄
附金または共同研究費のいずれかで受け入れていた。震災復興活動に対
する寄附金は共同研究にはなじまず、奨学寄附金として受けることにな
る。しかし、奨学寄附金では、これによる研究で知財が生じても寄附者
は知財権をまったく主張できないとされ、なんら寄附金の使い方に制限
を設けることができない仕組みである。今回の寄附金の多くは、知財に
は結びつかないものではあるが、寄附者としての希望は、色々な形で存
在した。しかし、大学の制度では、この様な希望を明記することはでき
ない。紳士協定として、寄附者とわれわれの信頼の元に行うことにな
る。いかにも日本的な方法であり、寄附者の思いをくみ取って、寄附金
を適切に使用することを口頭で示すだけである。

　寄附金制度に、寄附者の使用に対する希望を明記することを盛り込む
ことも考えられるが、寄附は、やはり、寄附者と被寄附者の信頼の元に
行われるべきだと考える。今後の問題点は、大学が、研究とは異なるこ
の様な寄附の受入を速やかに行う体制作りにある。今回の寄附者の数は
限られたものであったが、それぞれの寄附金の性格が異なり、毎回、大
学事務との調整に多くの時間を取られた。そのために、復興支援事業を
行うための貴重な時間が削られると共に、寄附金受入の時期が遅れた。
ここは、今後、修正する必要がある。

　菜の花に関連したプロジェクトは日本各地で展開されている。

　もっとも古い菜の花プロジェクトは、滋賀県愛東町で 1998 年に始め
られたものであり、その後、全国の団体が集まって、菜の花プロジェク
トネットワークが形成されている。現在 145 団体が加入しているようで
ある。ネットワークの代表は藤井絢子さんである。東北大学菜の花プロ

47

ジェクトは、震災復興を目的としたもので、性格がやや異なるため、このネットワークのメンバーではない。われわれはプロジェクト立ち上げ時から、全国組織との連携が必要であると考えていた。

2011年10月1日に藤井絢子さんが福島県須賀川に来訪することを知った。2012年4月に開催される菜の花サミットの準備のためである。高速を飛ばして、ホテル虎屋に赴いた。

藤井さんは、すでに、われわれの活動を知っており、それどころか、自著にも東北大学菜の花プロジェクトについて、執筆済みと語った。そして、われわれへの情報提供などの支援を申し出てくれた。われわれが独自で始めた活動を温かく見守ってくれていたことに感謝した。

これをきっかけに、2012年4月26～28日の全国菜の花サミットでは、私がシンポジウムと事例発表を担当した。また、同年10月6日の南相馬市の津波被災地での菜の花サミット主催の播種イベントにゲストとして参加した。その後の南相馬市の福島第一原子力発電所20km圏内におけるわれわれの播種や栽培実験に際して、藤井さんのグループのメンバーが仲介の労をとってくれた。

2011年7月6日には、山田周生さんと永嶋奏子さんが来訪した。屋根に予備タンクや荷物を沢山積んだ緑に光る玉虫色のトヨタ・ランドクルーザー100に乗っていた。この車で、ガソリンスタンドに立ち寄らずに世界1周したという。廃食用油からバイオディーゼル（BDF）を製造する装置を荷物室に埋め込み、この装置で作った燃料だけで走り切った。世界1周の後に日本を1周して東京のゴールまで400km、花巻まで来たところで東日本大震災に遭った。彼らは、この車を使って復興支援に走り回り、東京へのゴールは延期した。彼らはBDFと関連が深い菜の花で復興支援したいと考えていた。東北大学菜の花プロジェクトを知って、栽培方法などを尋ねに来た（口絵21）。

被災地でやっと再開されたケーキ店のロールケーキを持参したのが印象的だった。これまでのどのケーキよりも美味に感じられた。

彼らは、われわれがイベントを開催する度に訪れてくれた。菜種油か

2. プロジェクトの全体像

らディーゼル油ができることを説明するよりも、世界 1 周したランドクルーザーを見て貰う方が、人々には説得力があった。ナタネを栽培して、この様な車が動く。しかも故障せずに世界 1 周を果たせる。その車がまだ走り回って、被災者たちを助けている。この様なことを皆に見せてくれた。彼らは、世界遺産に登録された橋野鉄鉱山・高炉跡から 8km ほど下った所に橋野 ECO ハウスを作って活動している（口絵 53、54、55）。最近は、多田千佳准教授に指導を受けてドラム缶式のメタン発酵装置を庭に作って、エネルギー自給型の生活を始めようとしている。

　地方自治体に関しては、宮城県とは、津波被災農地調査で連携を取って進めた。仙台市役所経済局農林部には、菜の花栽培実験農地の紹介や、農業園芸センターの沈床花壇や 2012 年から 2013 年にかけての畑の貸与などにおいて多大な支援を頂いた（口絵 36、37、43）。

　行政機関による支援は、重要な意味を持つ。ただし、震災後、これらの機関は、住民対応や震災復興予算執行、国への対応などに追われており、われわれとの連携は十分ではなかった。行政の復興業務は、被災地域外の自治体から応援が必要なくらい多大であり、われわれとの活動を望むのは無理であった。

3. プロジェクトにおける農家等との連携

(大村 道明)

　「東北大学菜の花プロジェクト」の目的は、菜の花を通じて津波被災農家の震災復興を後押しすることであった。この目的達成のためには、被災現場の農家に実際に菜の花を栽培していただき、それを周囲の方々、農家の方々に体感してもらうことが重要と考えられた。

図3-1　2011年3月28日、仙台市荒浜地区界隈から市街中央を望む。

　平常時であれば、「菜の花（ナタネ）」のような農作物の栽培を地域の農家に広めようとする場合、地元の農協や農業普及機関と協力し、栽培した生産物の流通経路等を決めてから計画的に一定規模の生産を開始するといった手法が採られ

図3-2　2011年3月末、女川フィールドセンターの屋根には津波で運ばれた民家が乗っていた。大学も地震・津波で大ダメージを受けていた。

る。この手法の実現には、農作物の作付け前の段階からの関係者間の事前準備が必要となり、通常は1年以上を要する。しかし、東日本大震災クラスの災害発生時には、ガレキやヘドロの処理のような災害からの復旧に多くの組織が忙殺されており、平常時の手続きはできなくなる。

ここで、「大災害が壊した平常」は、新しいチャレンジへのチャンス（機会）でもあった。「東北大学菜の花プロジェクト」が農業生産の現場に「入り込む」ことができたのは、まさに当時現場がこうした状況だったからに他ならない。しかし、東北大学側も、女

図 3-3　2011 年 6 月、ようやく被災地の農家に直接お話を聞くことができた。農家の圃場にはまだヘドロの跡が残っていた。

川町にあるフィールドセンターは壊滅的な被害を受け、雨宮にある農学部・農学研究科も相当な被害を受けていた。また、深刻な被害を受けた津波被災地の農家生産者には、震災直後に直接被害状況や今後の方針についての話を聞くこともためらわれた。我々がようやく農家の話を聞けたのは約 3 カ月後のことであり、この時点では農業経営の先行きをめぐる事態は全く不透明なままだった。沿岸平野部の農家は軒並み、自宅にも農地にも農業機械にも相当なダメージを受けており、自力だけでの経営再建に目処が立つ農家は極めて稀、という状況だった。震災直後のこの時点では、農業を再開する意向の農家が数多かったが、その後は農業の再建よりも生活基盤（家屋など）の再建を優先した農家（主に小規模の兼業農家）が、事実上離農する（農地の利用権を地元の大規模農業法人に白紙委任する等の）ケースが目立つようになった。結果的に震災から 5 年が過ぎた現在、津波被害を受けた沿岸平野部の農業、特に水田農業は、大規模化・集約化が進んでいる。

このように、震災から 3 カ月を経ても、否、たった 3 カ月では、農家の救済措置、農業の復興支援の政策的な見通しは決まっていなかった。地元農家がガレキを除去する等の農地での作業に補助金を拠出する（「復興組合」の）制度は運用されていたが、これは緊急雇用対策であり、生計を失った被災者への当面の生活再建支援策であった。よって、自力再

3. プロジェクトにおける農家等との連携

建がままならない農家経営にとって政策の方針決定がなければ再建の方針も決定しない。このような農家の意思決定にかかる「空白期間」があったことが、「東北大学菜の花プロジェクト」を実行できた大きな要因の一つとも言える。

菜の花のは種（種まき）

図3-4 2011年8月末、菜の花プロジェクトの説明を受け、アブラナ科植物の遺伝子銀行を見学する企業重役。

の時期は9月～10月であり、震災の後、定まらない農業復興政策の空白期間に「菜の花栽培にチャレンジ＝農地を貸しても良い」と考える農家が居たこと、こうした農家にアプローチし、調整する時間があったことが重要と思われる。

農家へのアプローチのキッカケとなったのは、震災後に開催した公開シンポジウムである。これは2011年5月から東北大学大学院農学研究科「食・農・村の復興支援プロジェクト（ARP）」が主体となって重点的に実施していた。本来は「被災した農家生産者に向けて」のものであったが、この時点では意外にも首都圏などの「非被災地」に反響が大きかった。5月実施のシンポジウムの内容は、ARP事務局によって直ちに取りまとめられ、その月のうちに沿岸部被災町村役場を中心に郵送された。しかし、被災地からの反応は皆無であった。かわりに首都圏からの問い合わせを多く受けるようになった。被災地では震災直後のカオスの中にあり、農業復興に力点を絞った施策を検討する段階に無かったためと考えられる。一方で非被災地や被災の程度が軽かった地域には、被災地の復興を支援したいという個人・企業が多くあり、これらが「どこの・誰を支援すれば良いのか？」についての情報収集を急いでいた時期だったからである。「東北大学菜の花プロジェクト」自体も民間企業等からの支援を受けるに至ったのもこの時期のことである。

2011年の「菜の花プロジェクト」は、仙台市の仲介により、プロジェクトに協力してくれる団体・農家が現れたことで、被災地現場でスタートを切ることになった。貸与された現場は、仙台市が所有する農業園芸関連施設内の花壇と、その近隣の農家所有の農地であった。後年になって解ったことだが、この花壇はこの施設のシンボルであり「顔」となっている場所であり、そこを1年に渡って菜の花（「東北大学菜の花プロジェクト」）が占有したことは、関係者にとっては複雑な心境であったと

図3-5　雑草に覆われた2011年9月当時の花壇。

図3-6　菜の花プロジェクトでの使用が終わった翌年10月にはすぐに美しい花壇へと再整備された。

考えられる。また、震災後暫くして復旧が終わったこの施設は、指定管理会社を広く公募することとなり、「東北大学菜の花プロジェクト」を実施した当時の管理者はいない。現在は大手花卉関連の民間企業により維持されている。恐らく、震災前からこの園芸施設の維持管理には、何らかのリストラクチャリングの方針があったものと考えられる。それが震災を経て、その復興過程で実行に移されたものとも捉えることができる。ここにも、津波が破壊した施設・組織に関する行政の意思決定の空白に、たまたま「東北大学菜の花プロジェクト」が入り込めたという事例がある。

　2011年に仙台市荒浜地区に借用した農地では、100名を超えるボラン

54

3．プロジェクトにおける農家等との連携

ティアと（有）千田清掃の社員によって、生い茂った稗（ひえ）とヘドロの除去が行われた。この時、農家の協力を得て、30アールの農地の一角をヘドロが残った状態のままとした。その一角では、アブラナ科植物の遺伝子銀行を管理する植物遺伝育種学分野の北柴准教授が中心となり、耐塩性アブラナの被災農地を使った試験栽培を実施することができた。農家にとってヘドロはその後の農地の利用を考慮すれば残しておきたくないものと思われるが、ここでは学術研究への理解と協力が得られ、大学が実際の被災農地での試験栽培を実施することができた。

　2011年秋の菜の花は種に向けて、仙台市内等で実施した農地のクリーンアップ等の活動はメディアにも取り上げられることとなった。東北大学の学内（雨宮キャンパス）でも、被災地の圃

図3-7　稗が生い茂る被災農地が、ボランティアと（有）千田清掃によりクリーンアップされ、菜の花のは種が行われた。手前がクリーンアップ後、奥側は隣接する農地。

図3-8　2011年10月、耐塩性アブラナの被災農地での試験栽培の準備を行う北柴准教授。

図3-9　2011年9月、東北大学内でも試験栽培を行っていたが…

場に先んじて整地やは種を行い、実際の現場でどのようには種を行うか等について検討を実施した。仙台市の仲介で借りた被災農地は用排水路施設が未復旧のため雨水の排水ができず、湿害が予想されたため、「畝立て」を行っては種する方針としたためである。しかし、報道で「東北大学菜の花プロジェクト」を知り、その後多大な協力を惜しまなかった株式会社宮果の遠藤社長（当時）によれば「大学の先生の理論と農業生産の現場は異なる。このままでは菜の花栽培も失敗してしまう。栽培はプロの農家を頼みなさい」ということであった。そこで、遠藤氏の紹介により、仙台市とは別の沿岸部の被災地の農地借用と栽培への協力を頂くことができた。この被災地現場は、プロの農家グループがプロとして菜の花栽培に関与してくれることとなった。は種前の整地の

図3-10 2011年10月、プロの農家が整地した美しい畑にプロの農家がは種作業を実施。

図3-11 2012年5月、美しく咲きそろった菜の花。しかし、は種の時に風を遮ってくれた屋敷付き林（イグネ）は枯れてしまった。

図3-12 2012年7月、鳥による食害も。

3. プロジェクトにおける農家等との連携

段階から、大学主導のプロジェクトエリアとは全く異なるプロの手際で進められ、結果的には通常の収穫量の2倍近い収量を得るに至った。しかし、プロの農家への委託といえども、任せきりという訳にはいかなかった。この場合、整地〜は種までは問題は特に無

図 3-13 2012年7月末、大手農機具メーカーの協力のもと、収穫作業を実施できた。

かった。依頼した農家が所有するトラクターが無事であり、は種も機械の使用で、少人数でも必要十分であったためである。翌2012年、収穫間際になると、収穫用の機械がないこと、収穫後の乾燥・調製に係る機械がないことが大きな問題となった。スタート段階ではこうした問題は検討を「先延ばし」にしていたわけだが、通常の倍近い収穫量が見込まれ、プロの農家が大面積で実施している栽培の場面では、もはやボランティアなどの人手に頼るわけにはいかない。結果的には、収穫は大手農機具メーカーの無償協力（大型収穫機械のデモンストレーション）によって実現した。また、乾燥・調製には、農業復興支援を行う民間の基金からの資金提供を受け、農家が新規購入することができて解決した。

しかし、この事例では、「震災復興支援」に関する、支援する側（大学側）と農家側の認識の差があったことを記録しておかねばならない。支援する側としては、農地を1年間借用し、農作物のお世話をお願いする、という認識はあった。当時の農地はヘドロやガレキの回収のため、あるいは用排水路復旧のために当面は使うあてがない状態だと考えていた。そこで試験的に菜の花を栽培し、収穫は外部に委託する、必要な機械は民間の基金等と折衝して購入する、ということでも支援になっていると考えていた。一方の農家は、栽培したナタネは自らの農地で栽培された自らの生産物であるから大学が買い取るはずだ、と考えていた。確

57

かに、支援される農家の側からしてみれば、大学が自分の農地で菜の花を栽培しても1円の収入にもならないのであれば、支援を受ける意味がないのかもしれない。しかし、支援する側からすれば、数百万円の機械を導入する基金を紹介したり、種子の準備や収穫作業の手配を行うだけでも「農家にはありがたいことのはずだ」という気持ちがあった。こうした認識の相違からか、翌年の青菜の試験出荷でも当該農家グループとはあまりしっくり行かず、以後は協力関係がなくなっている。

　この事例では、プロジェクト初期段階における、プロジェクトのゴールに関する認識の相違が問題となったと考えられる。支援する側（大学）としては、東北大学と試験栽培を行い、機械類の一部を調達できれば農家も良いだろう、という認識。一方の農家グループは、東日本大震災によって奪われたモノが、支援者によって一部揃うだけでは「支援としては不足」であり、生計を助ける、つまりプロの農家がプロとして自立するところまでの支援であって欲しい、という認識であったと考えられる。ただし、この農家グループには、恐らく、これも震災より以前に地域の農業（の集約化など）をめぐる農家どうしの諸事情もあったものと考えられる。震災が壊した日常と、そこに生じる空白を利用して新しいチャレンジを行う方法については、こうしたリスクもあり得るということである。

　さて、仙台市荒浜地区の被災エリアでの菜の花の試験栽培は、主にボランティアの労力によって進められた。は種もボランティア＝素人が手作業で実施したため、1か所あたりのは種量が多くなりすぎ、間引きの作業も必要になるなど、（前述の遠藤氏の言うよう

図3-14　2011年10月、ボランティアを頼み、「間引き」の作業。

3. プロジェクトにおける農家等との連携

に）農業の実際の現場には生じないと思われる追加作業なども発生しつつも、どうにか進んでいった。2011年も10月となると、仙台市内ではボランティア需要が減少しつつあったようで、「東北大学が行う復興支援活動」へのボランティア参加という、やや不思議

図3-15 2012年2月、白鳥が飛来。近隣の被災農地で農業が実施されず、餌不足のため、菜の花を食べに来たと思われる。

な形態の「ボランティア」ながら、たくさんの市民が参加してくれた。以後、「東北大学菜の花プロジェクト」は、被災農家の復興支援活動という趣旨に加え、被災した農業を通じて日本（東北）の農業を考える、という趣旨での活動も行うことになる。

その後、2012年2月には100羽以上の白鳥が菜の花畑に飛来し、菜の花の青菜部分を食害するという事態も発生した。菜の花栽培を行った農地の近隣には白鳥が飛来する沼があるが、この年は周辺の農地で農業が実施されなかったため、食糧不足となって菜の花に殺到したものと考えられる。こうした大規模震災に特有と考えられる予想外のアクシデントをも乗り越え、2012年5月には菜の花の「お花見イベント」を実施できた。また、仙台市の2か所の圃場では、湿害が懸念されたものの、ほぼ通常どおりの収穫量が得られた。だがこうしたアクシデントは、今にして考えれば、「菜の花プロジェクト」をめぐるステークホルダーの動きの中では、ごく微笑ましいレベルのものでしかない。

2011年作付けの農地は農家に返却し、2012年の10月には、仙台市の園芸施設内には種を行った。これは、近隣の農地の農地復旧作業と菜の花の栽培時期が重複する可能性があったためである。2013年には農業園芸施設の管理者の変更があり、施設内での栽培も実施しなかった。代わりに近隣の農家グループからごく小規模の農地を借用しては種を行っ

たが、直後の台風で種子が流出し、生育不良となった。この時期を機に、仙台市内の農家との連携協力による「菜の花プロジェクト」の実施も途絶えている。震災後2年以上が経過し、地域内の農業復興に係る施策は明らかになっていた。多くの場合は営農再開に規模要件があった。つまり大方針は農地の集約化と農業生産法人への誘導であり、いわゆる構造改革の路線である。ここまで方針が明らかになれば、もはや「菜の花」のような農作物を試験栽培しようという積極的な理由は生じない。むしろ、地元農家や、彼らをめぐるステークホルダーのなかで、復興に伴う地域づくりのなかで「誰が主導権を握るのか」「誰が施設を運営するか」といった事象が当面する最大の課題として浮上してくるためである。こうした復興・復旧・新しいまちづくりのイニシアチブを誰が取るかという競争には、2つの側面があると感じる。1つは、震災が壊した旧弊・しがらみを脱し、新しい地域づくりを目指すもの。もう1つは、悪く言えば「旧弊・しがらみ」であり、よく言えば「コミュニティの和」である相互監視・相互扶助の関係を取り戻そうというものである。多くの地域では、震災よりも前から、少子高齢化・人口減少・コミュニティの弱体化という問題を抱えていたはずである。こうした問題に対応する一番の対策は人口増加策としての「生業の創出」であり、地方自治体などでは古くから工場誘致・企業誘致という手法でそれが実施されてきた。したがって、生業を生み出すこと＝経済的な儲けを生み出す場を地域内に作ることは、復旧・復興の場面でも極めて重要なファクターであることは間違いない。しかし、限られた地域の中でこれが生じると、必ず「儲ける者」とそうでないものが生じる。儲ける者が儲けるに足る資質を具備していた場合、旧弊を壊すような新しい取り組みは成功する場合がある。一方で、儲ける者が地域内の構成員にその同意を得られない場合、新しい取り組みへの反対運動が巻き起こる。被災地で行われた様々な震災復興プロジェクトは、それぞれの地域内の幾多の葛藤を経て、現在に至っていると考えられる。「東北大学菜の花プロジェクト」は、そうした葛藤の末に被災地のどこかで花開くには至らなかった。し

3. プロジェクトにおける農家等との連携

かし、震災復興の場面で支援者が為すべき行いについては、多くの示唆を残したと言えるだろう。

2013年には、放射性セシウムに対する菜の花の特性を検証するべく、福島県内の避難指示区域内の農地での試験栽培の実施を企画した。この時点では、営農再開された農地は既に現地の生産者の農業にフル活用されており、営農再開に至っていない農地も除染や復旧待ちという状態で、「余っている農地はない」という状況であった。この時は、地元の行政や復興支援団体等を通じて、農業を趣味として行っていた個人を紹介され、この個人の土地を「除染作業が開始されるまでの間」という条件で利用させていただいた。結局は種を収穫する前に敷地内の除染作業が着手されたため、試験としては中途で終了せざるを得なかった。これが示すところは、震災後時が経てば経つほど、まだ震災復興に着手されていない地域であっても、新しいことにチャレンジする隙間が小さくなるということである。特に、生業として農業に従事する者が、外部の者の提案による新しいチャレンジに参加する意思決定は、その生業がほぼ正常に実施されている、ないし正常化の途上にある場合には非常に難しいと考えられる。

あまり起きて欲しくないことではあるが、一定規模の大災害は、日本あるいは世界のどこかでまた必ず発生する。災害の発生前から平常化～復興期に至る時間軸は、図にすると左端と右端がつながるループになっているといえる。本稿では、「東北大学菜の花プロジェクト」と、その応援する対象である農家・生産者がどのように連携したかを述べつつ、震災復興における新しいチャレンジについて振り返ってきた。これを図に沿って模式的に纏めると、次のようになる（図3-16）。

震災発生の直後、現場の状況が政策決定者の元に伝わり、何らかの施策が実施されるまでの間には空白期間がある。農業のように、震災前からの課題が大きく、再建の方向性次第ではその課題に大きく影響する可能性のあること、また対象者（被災農家）の数が多いことが空白期間を長くすることになる。しかし、この空白期間には、平常時には不可能で

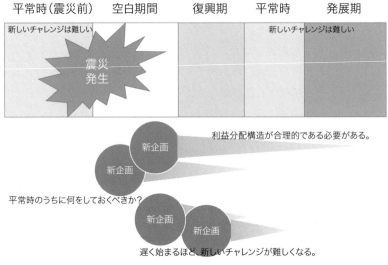

図 3-16　震災復興における新しいチャレンジの方法・概念

あった新しいチャレンジ（新企画）を行う機会がある。特に空白期間の初期においては、支援を必要とする被災者の本当の実情を知ることは難しく、また支援を届けることも難しい。支援する側が支援される側の実情を把握することが難しいため、被災者に支援を行うことを表明した者に対して非被災者が支援するという間接的な支援の形が生じやすいと考えられる。

空白期間のあと、復興期が訪れる。復興期においても、新しいチャレンジを実現することはできる。しかし、復興期には、その復興に係るルールが明確に提示される（例：予算が限定される）ため、企画の自由度は小さくなる。また、初期に企画した内容を実情に応じて修正することも、時間が経てば困難になる場合もある。

復興期から再び平常時に至れば、新しいチャレンジは相当難しくなる。また、新企画のうち、その内部の利益分配の構造が各ステークホルダーに許容される合理的なものであった場合、その企画は発展期には新たな地域活性化策として生き残っていく。一方で、利益配分の構図がよ

３．プロジェクトにおける農家等との連携

く見えなかったり、特定の者だけが利益を得る形になっている場合は、平常時に至って企画が途絶えることになる。

　この構図をもう一度、「東北大学菜の花プロジェクト」に当ててみると、震災前の平常時から、東北大学大学院農学研究科内では、世界で唯一のアブラナ科植物の遺伝子銀行の維持管理という極めて特徴的な取り組みが行われていた。震災発生直後、津波震災エリアの調査の過程で問題視された塩害に対して、アブラナ科植物が強いことが判っていた。また、ARP のように、教員たちが自らの被災を顧みず、震災復興のために研究結果を提供する気概があった。しかし、大混乱に見舞われていた被災地現場には、大学からの支援を受ける余力はなく、首都圏の民間企業等からの、東北の農業復興を支援する東北大学に支援を受ける形となった。

　農家生産者・ステークホルダーと、「東北大学菜の花プロジェクト」の関係は、プロジェクト開始時はスムーズに運んだが、復興期に入って、様々な思惑に翻弄されることとなった。結果的に、「菜の花プロジェクト」は、被災地の一部や、被災程度が低かった地域での集客イベント等として生き残っている。これも「東北大学菜の花プロジェクト」の波及効果なのかもしれないが、当初目標を農家生産者への支援ということに限定すれば、2016 年現在、「東北大学菜の花プロジェクト」自体はその役割を終えたと言っても良いだろう。その原因は、平常時〜発展期における「地域づくりのために経済的な利益を生み出す力」が弱かったためだと考えられる。この「力」とは例えば、「菜の花プロジェクト」で生み出された菜の花関連製品が高値で取引され、相当な収益を上げることができるようになる、あるいは「菜の花プロジェクト」の活動に賛同した者（社）が、強力なスポンサーシップを打ち出してプロジェクトを支援し続ける、といったことである。「東北大学菜の花プロジェクト」がこの力を持ち得たとして、ステークホルダーの説得に足る合理性のある利益配分の構造を作り上げることができていれば、「菜の花プロジェクト」が地域づくりの強力なエンジンとして機能することにつな

63

がっていたはずである。

　この東北大学の事例から、再び一般化した震災復興の概念を見ると、震災復興のために、平常時に何をしておくべきか？　ということが重要であることが見て取れる。「東北大学菜の花プロジェクト」の場合には、平常時でも有効な「東北大学」というネームバリューと、それを裏打ちする世界レベルの研究・取り組みがあった。それがあったからこそ、いかに空白期間といえども、農家生産者の協力を取り付け、非被災地からの支援と期待を集めるチャレンジが実行し得たのである。これはいわば特殊事情である。これからの震災に備えるためには、こうした特殊事情がない場合にも、来るべき震災とその復興に向け、平常時からどのような取り組みをするべきか？　を常に高く意識しておくことが非常に重要であると考えられる。

4. 津波の土壌影響

（南條 正巳）

4-1 はじめに

目で見てわかる大津波（2011年3月11日）の土壌影響は瓦礫の散乱、土壌の侵食と堆積であった。土壌は海水をかぶったので、その影響の詳細、そして、塩類が土壌表面に析出した所も見えたが、その内容を調べるには化学分析が必要であった。宮城県沿岸部においては、同年5月11～19日に広域土壌調査（344地点）が行われ、そのときに採取した土壌の分析が3グループ以上で手分けしながら進められた。その分析の主な目的は特定有害元素に指定されているカドミウム、銅、ヒ素の含量は多くないか、硫化物の影響はどうかを早急に知ることであった。幸いにも特定有害元素の問題はほとんどなく、硫化物の影響も大きくはなかった（島ら、2012[1]；稲生ら、2013[2]；菅野、2014[3]；南條、2014[4]）。ここではそれ以外の2つの課題（①堆積物の由来はどこか、②今回の塩類の影響は海外の塩類集積土壌と比べてどうか）を取り上げ、既報（南條、2015a、b）[5][6]に加筆し、考察を進めた。

この広域土壌調査では津波堆積物とその下の残存土壌を深さ10cmずつ2層（第Ⅰ層、第Ⅱ層）採取した。津波堆積物は厚さ1cm以上であれば、分離して採取し、それがさらに、泥質（泥層）、砂質（砂層）と異なる層に区分できる場合にはそれらを分離して採取した。その風乾細土を用いて、全炭素（C）、全窒素（N）、全イオウ（S）、電気伝導度（EC(1:5)）、水溶性カルシウム（Ca）、マグネシウム（Mg）、ナトリウム（Na）、カリウム（K）含量、交換性Ca、Mg、Na、K含量などを分担して測定した。

4-2 堆積物の由来はどこか

津波は急激な海底の変動が海水に伝わって引き起こされ、海水の深部も波動しながら陸に達する。津波による侵食域として海岸部が挙げられる（Srisutam and Wagner、2010）[7]。東日本大震災で上陸した津波の色は場所によって変化し、海岸の地形や海底の堆積物が異なるためと考えられる。報道によれば、宮古などでは黒い津波が上陸し、仙台湾岸では白い津波が上陸した。そして、仙台平野では津波が陸を進む間に津波の色が黒変した。

農地における津波の侵食は津波が道路や畦などの微高地を超えて落流（箕浦、2014）[8]となった所で認められた。仙台平野の津波の色はこのような場所で黒変したと推察された。また、耕起済みの水田では、津波の到達域にもよるが、作土が流されがちであった。これらに対して、耕起前の水田の内、落流の影響のない所では、刈り株が立っているところが多く、侵食は比較的弱かった（Nanzyo、2012）[9]。

津波が4〜5kmに渡って広く上陸した仙台湾岸について見ると、津波の運んだ堆積物は海岸側で厚かった（菅野、2014）[3]。その内訳を見ると砂質物は海岸側で多く、泥質物は津波の到達した中程（海岸から2〜3km程度）で多い傾向であった。津波堆積物および残土の炭素含量は6〜204g kg^{-1}で200g kg^{-1}を超える試料は少なく、層別に見ても平均値は25〜27g kg^{-1}の範囲にあり、差は小さかった。しかし、その水平分布を見ると、当地域の土壌図との関係が深い。

国土調査の土壌図（国土調査、1967他）[10]、及び農耕地の土壌図（高田、2011）[11]（図4-1右）によれば、仙台湾岸の低地には泥炭土、黒泥土（斜線部、炭素含量が多い）が仙台市（七北田川と広瀬川の間）、名取市〜岩沼市（広瀬川と阿武隈川の間）、亘理町〜山元町（阿武隈川以南）の3か所にまとまって分布する。これらに対応して、残存土第Ⅰ層（図4-1中央）、第Ⅱ層（図省略）とも全C含量40g kg^{-1}より多い地域（●印）も3か所にまとまって分布した。さらに泥質物（図4-1左）における全C含量も残存土第Ⅰ、Ⅱ層にほぼ対応して3か所にまとまって分

4. 津波の土壌影響

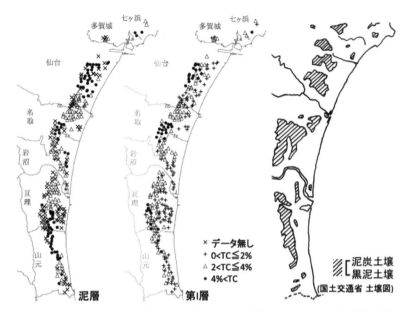

図4-1 泥層（左）、第I層（中央）の炭素含量の分布と土壌図のトレース（右）。泥層、第I層の黒丸（炭素は4％より多い）の分布は土壌図の泥炭土壌、黒泥土壌（炭素含量の高い土壌）の分布域に近い。

布した。これらの結果は、泥質物の主要部分はこの地域の表土であることを示唆する。即ち、落流で侵食された土壌または耕起済みの農地の作土が巻き上げられて濁水となり、津波が往復する方向に動き、津波が引いた後に残った濁水から懸濁物が沈降して泥層になったと考えられる。これに対して、砂質堆積物は海岸側で厚いことから、その多くは海岸付近に由来すると見られる。地質学分野からの報告でも今回の津波堆積物には海底泥質物が少ないと指摘された（Szczuciński et al.、2012)[12]。

4-3　海外の塩類集積土壌との比較

海外の乾燥地には水に溶けやすい塩類が土壌中に集積した土壌が広く分布する。これらの土壌の主な問題点は(i)水に溶けやすい塩類が多いために多くの作物に浸透圧障害を与えること、(ii)ソーダ質化（交換性Na

67

の増加）が進み、物理性の悪化した土壌があることである。

4-4 石こうの沈殿

一般に土壌有機物は生物由来で、その構成元素としてC、H、Oの他にN、S、Pなどを含む。特に全N含量と全C含量は土壌の基礎的特性として汎用され、密接な比例関係にある。その関係は泥層、残存土の第Ⅰ層、第Ⅱ層とも同様な傾向であった。全S含量も表土では一般に有機態が多い（Eriksen、2009）[13]。今回の津波被災地の同第Ⅰ層、第Ⅱ層でも全S含量は全C含量と比例的関係であった。これに対して、特に泥層の全S含量はその比例関係を超えて増加した（南條、2014）[4]。その多くは石こう［$CaSO_4 \cdot 2H_2O$］が沈殿したためであった。石こうの存在は、泥層表面にできた白色の晶出物中にX線回折（XRD）と走査電子顕微鏡（SEM）観察、エネルギー分散型X線分析（EDX）により確認した。海水を加温し、水を蒸発させてその体積が約1/5に濃縮されると石こうが晶出し、約1/10に濃縮されるとNaClが晶出するとされる。実際に農地土壌に平均海水を加えて、一旦懸濁状態とし、そのまま乾燥すると土壌表面に石こうとNaClが晶出することを確認した。津波被災から2カ月が経過した当広域土壌調査の時点までに合計100-150mmの降水があり、NaClが部分的に溶脱する中で石こうはNaClより解けにくく、残存する傾向であったと推察される。

石こう以外の硫黄化合物として8g kg^{-1}以上の特に全S含量の多い泥層（16地点）のうち4地点には、濃縮操作を経て、XRD, SEM−EDXにより多面体の微小結晶の集合体としてのフランボイダルパイライト（Vallentyne、1963）[14]が検出された（南條、2014）[4]。フランボイダルパイライトは、湖底、川底堆積物や土壌を津波が深く侵食した部分等に由来すると推察される。硫化物含量が高いと、それが地表面に露出して酸化されたときに、部分的に生じる硫酸により土壌が強く酸性化する可能性がある（斎藤ら、2006[15]；伊藤、2014）[16]。

4-5　塩分と交換性イオンの水平垂直分布

　農地土壌に含まれる水溶性塩類のおよその含量は、土壌に5倍量の水を加えて測定するEC（1:5）から知ることができる。普通の農地土壌のEC（1:5）は0.6–0.3dS m^{-1}以下である。農地土壌の塩類はCa塩が多い。また、農地土壌の持つ交換性イオン（粘土や腐植の持つマイナスの電荷に保持されたCa^{2+}、Mg^{2+}、K$^+$、Na$^+$などで、他の陽イオンと交換可能である）の組成はCa^{2+}>Mg^{2+}>K$^+$≒Na$^+$である（図4-2）。

　このような農地土壌に対する塩分の影響は、海外の塩類集積土壌と同様に、2つに区分できる。それらは(i)水溶性塩類含量の増加と(ii)ソーダ質化である。2011年3月25日の1地点のみの測定結果では、耕起前の水田であったが、塩分濃度の高い部分は表層数cmで、その下では深さと共に急減した。同様の事例は2006年のインド洋津波の際にも観察された（赤江他、2010）[17]。同年5月の広域調査の結果でも垂直分布の形は泥層で塩分濃度が高く、その下で減少する傾向は類似した。その一方、EC（1:5）の値は第Ⅱ層でも多くの地点で除塩目標の0.3〜0.5dS m^{-1}より高い値になった。土壌中の水分が上下移動を繰り返す中で、泥層に塩分が残留傾向であった理由として、乾燥時に塩分が表面に晶出・集積

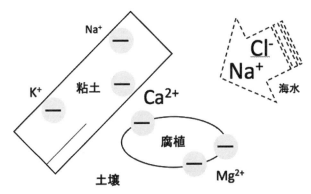

図4-2　土壌の持つイオン交換基と交換性イオン（農地）の模式図。土壌は粘土と腐植の持つ電荷にイオンが吸着され、電気的に中性となっているが、吸着しているイオンは水溶性イオンと交換できる。

したこと、粒度がやや細かく、緻密で塩分の拡散が相対的に遅かったことなどが考えられる。泥層、砂層、第Ⅰ、Ⅱ層ともEC（1:5）は水溶性塩類含量を反映し、水溶性Na^+、K^+、Ca^{2+}、Mg^{2+}の電荷合計と緩やかな曲線関係にあった。その関係は亀和田（1991）[18]と同様で、水溶性イオンとEC（1:5）の測定結果を相互確認する一つの方法として効果的であった。

　津波被災土壌の水溶性Na^+、K^+、Ca^{2+}、Mg^{2+}含量をイオン別に比較すると、Na^+＞＞Mg^{2+}＞Ca^{2+}＞K^+の傾向で、海水と類似した。層別に平均値で見ると、水溶性Na^+、K^+、Ca^{2+}、Mg^{2+}含量とも泥層で最も多い傾向であった。次いで、第Ⅰ層≥第Ⅱ層であり、海水の影響を受けやすい順であった。砂層の値は変動幅が広く、第Ⅰ層に近いものから第Ⅱ層に近いものまであった。

　津波被災土壌の交換性イオンのイオン別含量順位は、平均値で見れば

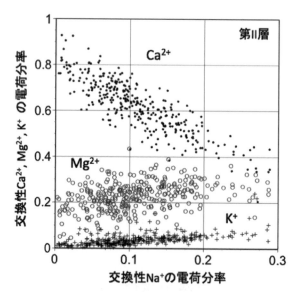

図4-3　第Ⅱ層の交換性Na^+電荷分率と交換性Ca^{2+}（●）、Mg^{2+}（○）、K^+（＋）電荷分率との関係

4. 津波の土壌影響

4つの層とも $Ca^{2+} > Mg^{2+} > Na^+ > K^+$ で、Ca が最大であった。交換性イオン相互の関係を見るために第 II 層の状況を交換性 Na^+ の電荷分率を横軸にとり、図 4-3 に示した。

ここで電荷分率とは交換性 Ca^{2+}、Mg^{2+}、K^+、Na^+ の合計電荷量に対する個別の交換性イオンの電荷量の割合である。電荷分率を使うと、陽イオン交換容量の大小の影響が小さくなり、交換性イオンの増減がわかりやすくなることがある。交換性 Na^+ の電荷分率が増すにつれて、交換性 Ca^{2+} が減少し、交換性 Mg^{2+}、交換性 K^+ が微増傾向である。個別には Na^+ が Ca^{2+} を超えるに至った試料もあった。これらの傾向は泥層、第 I 層、第 II 層とも類似した。交換性イオンを繰り返し遠心分離法で測定したため、酢酸アンモニウムによる交換性イオンの抽出の間に溶解した石こうの影響が加わり、泥層では交換性 Ca^{2+} が大きめの値になった可能性が考えられる。石こうの同様な影響は水溶性 Ca^{2+} にもある。全イオウ含量から見ると、第 I、II 層では石こうの影響が小さい。Mg^{2+}、K^+、Na^+ 含量を層別に見れば、海水の影響を受けやすい順で、泥層＞第 I 層、第 II 層の順であった。交換性 Na^+ 含量は第 II 層でも交換性 K^+ より多量であることが多かった。

4-6 ソーダ質化の進行度

土壌の交換性イオン組成は土壌粒子の挙動に影響する。特に交換性 Na^+ が増加すると土壌粒子は水中でバラバラになり、濁り水になり易い。逆に土壌乾燥時には土壌が固くなり易くなる。これらは土壌の物理性の悪化した状況でソーダ質化の問題点である。

泥層の交換性 Na^+ 含量は、4つの交換性イオンの合計電荷に対する割合を見ると、平均18％であった。土壌の物理性悪化が懸念される交換性ナトリウム率15％以上の域に達した地点も少なくない。除塩後の水稲初期生育の時期には、一部に田面水の濁りが認められた。

今回の津波堆積物に含まれる水溶性陽イオンの含量順は上記のように海水と同じで、Na^+ が他より遥かに多い。上記広域土壌調査の時点では

71

泥層の表面に塩類が白く析出していた。それにも関わらず、交換性イオンの方は $Ca^{2+} > Mg^{2+} \geq Na^+ > K^+$ cmol$_c$ kg^{-1} と、平均値で見れば Ca^{2+} が最大の状況を維持した。

　この水溶性陽イオン組成と交換性陽イオン組成の関係を、再び電荷分率を用いて石こうの影響が少なく、海水の影響が小さいものから大きいものまで含まれる第Ⅱ層について図4-4に示した。

　海水の影響のほとんどない試料では水溶性、交換性とも Ca^{2+} の電荷分率が高く、Na^+ の電荷分率は低い。海水の影響が増すにつれて図4-4の2本の矢印のように Ca^{2+} の水溶性、交換性とも電荷分率が低下し、Na^+ の水溶性、交換性とも電荷分率が上がった。しかし、水溶性 Na^+ の電荷分率の上がりきった所は0.8を超えたが、交換性 Na^+ の電荷分率は最大0.3付近に留まった。水溶性 Ca^{2+} の電荷分率は0.2以下まで低下し

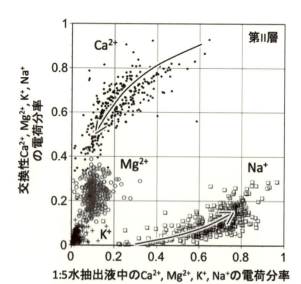

図4-4　第Ⅱ層における1:5水抽出液中の各陽イオンの電荷分率と交換性の各陽イオンの電荷分率との関係。各陽イオンを次の記号、Ca^{2+}（●）、Mg^{2+}（○）、K^+（+）、Na^+（□）で示した。

4. 津波の土壌影響

たが、交換性 Ca^{2+} の電荷分率は 0.4 前後に留まった。K^+ と Mg^{2+} に関する水溶性と交換性の電荷分率の関係は図 4-4 では変化が小さい。泥層、砂層、第Ⅰ層でも水溶性と交換性 Na^+ の電荷分率が上がりきった位置はそれぞれ 0.7 前後と最大 0.4 前後であった。また、これらの 3 つの層の水溶性と交換性の Ca^{2+} の下がりきった位置はそれぞれ 0.2 以下と 0.4 前後であった。このような陽イオンの電荷分率で見た場合、交換性 Ca^{2+} は水溶性 Na^+ によって交換されにくい。

この状況は土壌のソーダ質化に関する既報と同じかどうか検討した。土壌のソーダ質化の過程は経験式 ESP/（100 − ESP）= 0.015xSAR で表現されてきた（岩田ら、1980）[19]。ここで ESP は交換性 Na^+ 率（％）、SAR は Na^+ 吸着比（濃度の単位は mmol L^{-1}）である。この式を風乾細土の1:5 水抽出懸濁液中の陽イオン組成と吸着している交換性イオン組成の間に適用した。但し、ここでは CEC を測定していないので、ESP に代えて交換性 Ca^{2+}、Mg^{2+}、K^+、Na^+ の電荷合計に対する Na^+ の電荷の百分率を用いた。右辺は SAR =［Na^+］／（［Ca^{2+}］+［Mg^{2+}］)$^{1/2}$、濃度の単位は mmol L^{-1} である。なお、［Na^+］＞＞［K^+］であり、［Na^+］の代わりに［Na^+］+［K^+］を用いても計算結果への影響は小さい。

計算の結果、第Ⅰ層、第Ⅱ層の多くはこの係数が図 4-5 のように 0.008～0.024 とバラツキもあるが、当経験式にほぼ適合した。これに対して、泥層と砂層では係数部分がそれより低い 0.004～0.014 に分布した。これは、溶液の陽イオン組成に比べて、交換性 Na^+ が小さいことを示す。交換性イオンの測定に 1:5 水抽出の後、酢酸アンモニウム液による繰り返し（2 回）抽出法を用いたため、同水抽出液に溶けきらなかった石こうがその後の酢酸アンモニウム液抽出の過程で抽出されたためと考えられる。その根拠に、泥層、砂層における上式左辺の係数 0.015 相当からの低下分と全イオウ含量は有意に相関したことが挙げられる。これらの結果は農地の土壌が海水を受けても上記の経験式を大きく超えてソーダ質化が進むことはないことを示唆する。また、国内の河川水のSAR は 0.6（mmol L^{-1})$^{0.5}$ で、これに相当する ESP 値は 0.9％である。河

73

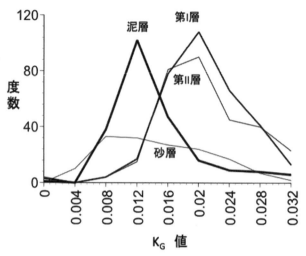

図4-5 ソーダ質化の経験式における係数値の度数分布。例えば0.016における度数は0.012より大きく0.016以下の試料数である。

川水のかんがいにより交換性 Na 含量は次第に低下すると期待される。

　海外の乾燥地域に広く分布する主な塩類集積土壌は、世界土壌照合基準の土壌名を使えば、ソロンチャクやソロネッツである。ソロンチャクは表層付近に水に溶けやすい塩類含量の高いことが特徴である。ソーダ質化は低いものから ESP が 50％以上の高いものまである。今回の津波被災土壌では ESP に近い交換性 Na の電荷分率は最大 0.44 に留まった。この違いは pH にある。ESP が 50％を超えるようなソロンチャクの pH は 9 前後以上と高い。その pH 領域では炭酸カルシウムなど塩類の溶解度が大きく低下し、Na による Ca の交換溶出が進行するためとされる (Bolt & Bruggenwelt、1976)[20]。ソロネッツは下層に交換性 Na 含量の高い粘土集積層（ナトリック層）を持ち、土壌 pH は 9 を超えることも少なくない。今回の津波被災土壌は、上記広域土壌調査の時点でソロンチャクの一部に近い状態にあったが、ソーダ質化の度合いは中程度以下であった。また、今回の津波被災土壌はナトリック層を持たず、そして、ナトリック層は短時間で形成されるとは思われず、ソロネッツでは

4．津波の土壌影響

ない。

謝辞：ご支援・ご協力を頂いた宮城県、仙台市、（独）科学技術振興機構、（株）朝日工業、（株）環境科学コーポレーション、（株）クレハ、被災地農業者、内藤記念科学振興財団、東北大学大学院農学研究科他の方々に厚く謝意を表する。

参考文献

1）島　秀之・小野寺和英・金澤由紀恵・佐藤一良・小野寺博稔・阿部倫則・若嶋惇子・稲生栄子・森谷和幸・今野知佐子・上山啓一・伊藤豊彰・菅野均志．2012．東日本大震災による津波堆積物の化学的性質（県北部）．宮城県古川農業試験場報告、No.10、33-42．

2）稲生栄子・上山啓一・森谷和幸・今野知佐子・小野寺和英・島　秀之・伊藤豊彰・菅野均志．2013．東日本大震災による津波堆積物の化学的性質（宮城県南部）．宮城県農業・園芸総合研究所研究報告、81：63-87．

3）菅野均志．2014．2011年5月の広域土壌調査から明らかになった仙台平野の津波被災農地の実態．ペドロジスト、58：44-50．

4）南條正巳．2014．津波被災土壌の分析　in 東北大学菜の花プロジェクト編　菜の花サイエンス―津波塩害農地の復興―、東北大学出版会．

5）南條正巳．2015a．大津波（2011年）に被災した宮城県沿岸部農地土壌の概況、土壌の物理性、129：5-12．

6）南條正巳．2015b．宮城県の津波被災農地の土壌と堆積物の性質、日本土壌肥料学雑誌、86：401-403．

7）Srisutam, C., and Wagner J.-F. 2010. Tsunami sediment characteristics at the Thai Andaman Coast, Pure Appl. Geophys. 167：215-232.

8）箕浦幸治．2014．海溝型地震津波による水災害―3.11津波遡上の水理学的教訓、ペドロジスト、58：32-43．

9）Nanzyo, M. 2012. Impacts of tsunami（March 11, 2011）on paddy field soils in Miyagi Prefecture, Japan. Journal of Integrated Field Science, 9：3-10.

10) 国土調査. 1967. 仙台, 1982. 岩沼, 1986. 角田.

11) 高田祐介. 2011. 土壌情報閲覧システムの構築と利用. インベントリー、9：29-33.

12) Szczuciński, W., M. Kokociński, M. Rzeszewski, C. Chague-Goff, M. Cachao, K. Goto and D. Sugawara 2012. Sediment sources and sedimentation processes of 2011 Tohoku-oki tsunami deposits on the Sendai Plain, Japan-Insights from diatoms, nannoliths and grain size distribution, Sedimentary Geology, 282: 40-56.

13) Ericksen, J. 2009. Soil sulfur cycling in temperate agricultural systems. Advances in Agronomy, 102：55-89.

14) Vallentyne, J.R. 1963. Isolation of pyrite spherules from recent sediments. Limnology and Oceanography, 8：16-29.

15) 斎藤公夫・島秀之・加藤正美・広上佳作・武田　忠. 2006. 仙台沿岸部における酸性硫酸塩水田の改善のための石灰施用量策定. 宮城県古川農業試験場研究報告、6：43-52.

16) 伊藤豊彰. 2014. 津波被災水田における除塩後の作物生産上の問題と対策. ペドロジスト、58, 51-58.

17) 赤江剛夫・濱田浩正・諸泉利嗣・石黒宗秀・守田秀則・中矢哲郎. 2010. 2004年インド洋津波による農村地帯の農業被害実態と復旧対策、農業農村工学会誌、78：775-778.

18) 亀和田國彦. 1991. 土壌溶液イオン組成からのECの推定とアニオン種の違いがECおよび浸透圧に及ぼす影響、土肥誌、62：634-640.

19) 岩田進午・三輪睿太郎・井上隆弘・陽　捷行訳. 1980. 土壌の化学、学会出版センター.

20) Bolt, G.H., and Bruggenwert, M.G.M. 1976. Soil chemistry A. Basic elements, 2nd ed. Elsevier Scientific Publishing Company, Amsterdam.

5.	津波被災農地の除塩後の課題と生産力回復のための技術

（伊藤　豊彰）

5-1　2011年の津波被災農地の土壌調査からわかったこと

　2011年3月11日の巨大津波は、東北地方から関東地方の太平洋沿岸部の農地（約2万3,600ha、被災6県の農地の2.6％）をのみ込んだ。宮城県では海岸から2〜5kmの内陸部まで津波が到達し、津波による被害は仙台平野の沿岸部を中心に県農地全体の約11％（1万5,002ha）に及んだ。津波によって農地には瓦礫が堆積し、用排水施設にも瓦礫や土砂が流入し、基幹排水路が通水不能になり、海岸近くに配備されていた排水機場も破壊された。水田には上流から用水路を通じて水が供給され、排水された水は下流に流れ下り、最終的には海岸近くの排水機場の大型ポンプで海に排水される。このように血管のように張り巡らされた水利施設の一部が滞ると上流からの水供給はできなくなる。除塩工事で使用される多量の用水と排水が下流部であふれる危険性があったために、津波の影響が軽微であった圃場においても2011年は作付けは自粛された。

　このような状況の中、被災農地の現状を正確に把握するために、2011年5月に宮城県と東北大学農学研究科は共同で県内被災農地全域の土壌調査を行った（菅野、2012）[1]。現地調査は、被災地の地理や被災状況に詳しい地元自治体、JA、土地改良区、地方振興事務所、農業改良普及センターの全面的な協力のもとに、宮城県の農業振興課、総合農業園芸研究所、古川農業試験場と東北大学農学研究科の土壌立地学分野と栽培植物環境科学分野が連携して、5月11日〜19日の期間の6日間で集中的に行われた。津波被災農地の広域土壌調査としては日本で最大規模だと思われる。この広域土壌調査は被害を受けた農地を一刻も早く回復させたいという、多くの農業関係者の強い思いによって実現したものである。

土壌調査と採取した土壌の分析結果から、いろいろなことがわかった（菅野、2012）[1]。1) 津波被災圃場の作土層（深さ 0〜10cm）の塩分濃度は非常に高く、そのままでは作物が塩害をうける可能性が高いこと。2) 塩分の主体は海水由来の塩化ナトリウムで、このナトリウムが土壌中のカルシウム（必須養分）と置き換わり、土壌中のカルシウムが減少していたこと。3) ナトリウムとともに海水由来のマグネシウムが土壌に増えていたこと。4) 図 5-1 のように、多くの調査圃場で津波によって砂や泥土（津波堆積物）が堆積していたこと。5) 堆積泥層は厚くないが（中央値で 2.0cm）、その塩分濃度は非常に高く（土壌の水溶性塩分濃度を表わす、懸濁液の電気伝導度（土壌：水 = 1:5）の中央値は13dS/m）、そのままでは通常の作物は育たないこと。6) 一部の泥層は黒味が強く、硫化鉄を相応に含み、乾燥後は強い酸（硫酸）が発生する可能性があること。7) 海岸に近い圃場では表層から硬い下層土が現れ、柔らかい作土が津波によって浸食されて無くなっていたこと（伊藤、2014）[2]。（図 5-1 の右の断面写真）

　このように、作土だけでなく下層土の水溶性塩分も除去しなければならないこと、土壌中のカルシウムを補給し、土壌に保持されたナトリウムを早急に除去する必要があること、津波堆積物の性質を解明し、対策を講じる必要があること、が明らかになった。本稿では、津波被災農地の 2011 年以降の状況や農地回復に向けた調査研究結果や農学知について紹介する。

5-2　除塩工事による被災農地の復旧

　2011 年に宮城県の津波被災農地で営農が再開できたのは、主に石巻地区のわずか 1,220ha であり、本格的な除塩工事は 2012 年から開始された。宮城県では、瓦礫の撤去、津波堆積物の除去（5cm 以上の堆積物がある場合）、地中の水の通り道になる弾丸暗渠の施工（本暗渠が無い圃場では排水溝の施工）、耕起、湛水（2〜3 日間）、排水、という工程で縦浸透法（塩分がとけ込んだ水を下方に浸透させ、暗渠や排水溝に排

5. 津波被災農地の除塩後の課題と生産力回復のための技術

図 5-1　津波被災農地の土壌断面
津波によって厚い砂が表土の上に堆積した水田（左：宮城県仙台市、撮影：2011年5月19日、高橋正）、津波によって表土の上にヘドロ状の泥土が堆積した水田（中央：宮城県石巻市、撮影：2011年5月11日、山本岳彦）、津波によって肥沃な表土が浸食された水田（右：宮城県岩沼市、撮影：2011年5月18日、高橋正）。

水させる方法）による除塩が行なわれた。表土と次表層の塩素濃度（塩化ナトリウムの片方の成分）が土壌中の濃度で0.1％（水田の場合）より低下するまで湛水と排水が繰り返された。このようにして、被災農地の水溶性の塩分は比較的に容易に除去された。除塩された圃場では塩分濃度が高いことによる水分吸収阻害が原因となる、作物の障害（塩害）は起こりにくい。しかし、除塩後の圃場にも問題があることが明らかになっていった。

例えば、除塩された圃場の中で、水稲や水田を畑として利用する圃場（転換畑）で栽培されたダイズが、生育後半になって生育が停滞する例が観察された（星・遊佐、2012）[3]。これは、水稲の生育中期に行われる落水（中干し）の期間や気温の高い夏期に表層土壌が乾燥し、下層土に残存していた塩分が水分の毛管上昇に伴って上昇したために、水稲やダイズに塩害が生じたのである（星・遊佐、2012）[3]。除塩工事によって表層土壌の塩分除去が完了した場合でも下層土に塩分が残留する場合は、再び塩害が起こる危険性がある。また、土壌粒子は負に帯電していて、正に帯電しているナトリウムイオンが静電気的に吸着保持されているの

79

で、水を流して除塩しても土壌粒子に吸着したナトリウムは残りやすい。ナトリウムが多い場合は、作物がナトリウムを多く吸収してしまい、必須養分であるカリウムやカルシウムの吸収が阻害されるということが起こる。土壌調査や除塩圃場における作物の観察によって、除塩後の圃場であっても、このようなナトリウムの過剰吸収による作物の生育不良（ナトリウム害）が生じる可能性があることが示唆されていた。

5-3　津波と除塩工事による表土の喪失

　農業を持続的に行う上で最も大切な"表土"が東北地方太平洋沖地震津波によって浸食された。海岸に近い圃場の一部では、前年秋に耕起され、柔らかくなっていた表土（作土）が津波によって運び去られた。その結果、図5-1のように、地表面から硬い土層（表土の直下にある下層土）が現れていた（伊藤、2014）[2]。表土は、海に流出しただけでなく、周辺の圃場にも津波堆積物の一部として再堆積したと推定されている。

　除塩工事そのものも、表土喪失の原因となった。前述したように、多くの被災農地の表層に津波堆積物が存在していた。宮城県では5cm以上の堆積物は除塩工事の際に除去することになっていたが、機械の操作精度の問題（堆積物だけを除去することができない）により、表土の一部もいっしょに取り除かれた圃場があった。これは、最も養分が豊富な表土（作土）の人為的な消失を意味し、農地を回復する上では大きな障害となる。

　このようにして、表土の一部、またはすべてを失った圃場や海岸近くの地盤沈下した圃場では、近隣の山地から肥沃度の低い山土が運ばれ、客土された（図5-2）。本来であれば、肥沃な土壌を客土し、農地を早急に回復すべきであるが、むしろ逆の低生産圃場の出現という、新たな問題を生じさせたことになる。これは非常に深刻な問題であり、土壌診断を行い、堆肥などの有機物やケイカル、溶リンなどの土壌改良資材を適切に施用して、新たに表土を創出していかなければならない。例えば、有機物投入は表土の肥沃度回復に必須であるが、津波で被災した宮

5．津波被災農地の除塩後の課題と生産力回復のための技術

図 5-2 山土が客土された津波被災圃場
宮城県岩沼市の海岸近くの圃場には、石まじりの有機物の少ない黄色の山土が客土され、平らにされて見かけだけ農地が"復旧"していた。有機物も少なく、おそらく養分もほとんど含んでいない土壌で、どれほどの作物生産ができるのだろうか（撮影：2013 年 10 月 18 日、伊藤豊彰）

城県の沿岸部は畜産農家が少なく、家畜ふん堆肥の入手は困難なことが多い。このような状況を考慮して、緑肥作物（空中の窒素を取り込むことができるマメ科作物や生育量の大きいイネ科の作物で、有機物供給源として圃場に鋤き込むことを目的として栽培する作物）による土壌肥沃度の回復に関する研究が開始されている（阿部・本田、2015）[4]。

5-4　雨の恵み：自然降雨による除塩

　原則として津波被災農地の除塩は除塩工事によって実施されたが、実は自然降雨によっても想像以上に除塩が進行していたことが追跡調査によって明らかになった（伊藤ら、2015）[5]。

　宮城県亘理農業改良普及センターは、管内の 18 か所の被災水田の塩分濃度を丹念に追跡調査した（伊藤ら、2015）[5]。この調査は非常に貴重な事実を明らかにした。津波堆積物が無い圃場では、2011 年 5 月 16 日〜10 月 28 日の期間に（この間の降雨は合計 952mm）、表土（深さ 0〜20cm）の電気伝導度（EC）は急激に低下し、5 月の時点で塩分濃度が

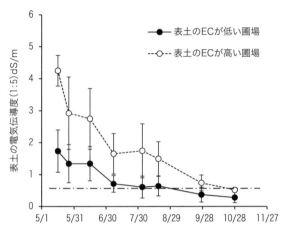

図 5-3　津波堆積物がない水田圃場における表土の EC の推移
宮城県亘理地域の津波被災圃場を 2011 年 5/16～10/28 の期間、表土 20cm の電気伝導度 EC（1:5）を追跡調査した（図 5-4、5-5 も同様）。EC の値が相対的に低い圃場（5 圃場）と高い圃場（3 圃場）に区分して、その平均値と標準偏差（縦棒線）で表わした。約半年間の降水量（952mm）によって塩分が溶脱し、EC が高い圃場においても水稲栽培が可能な除塩基準（一点破線、0.6dS/m）より低下していた。（伊藤ら、2015）

高い圃場においてさえ、水稲に塩害を生じない除塩基準（0.6dS/m）より低下していた（図 5-3）。一方で、塩分濃度の高い泥土（厚さ 3.5～4.8cm、EC の平均値 18dS/m）が堆積した圃場（図 5-4）や、塩分濃度の高い砂が堆積した圃場や砂が厚く堆積した圃場（図 5-5）では、表土の塩分濃度（EC）の減少はわずかであり、約 1,000mm の自然降雨では作物が栽培できる程度までに除塩は進まなかった。これは、津波堆積物に多量に含まれていた塩分が降雨によって表土に移動したために、表土の塩分濃度が減少しにくかったのである。

このことは、除塩効率は表土だけでなく立体的な土層全体の塩分量が大きく影響することを示している。さらに、津波被災農地の塩分除去には、圃場排水性（下層への水の通りやすさ）や排水を良くするために地

5．津波被災農地の除塩後の課題と生産力回復のための技術

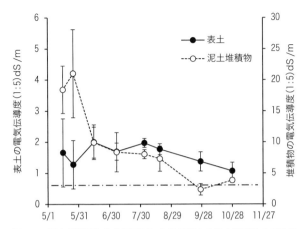

図 5-4　泥土が堆積した水田圃場における表土と泥土堆積物の EC の推移

宮城県亘理地域の津波被災圃場（3 圃場）の表土 20cm と泥土堆積物（厚さ 3.5～4.8cm、平均 EC18dS/m）の電気伝導度 EC の平均値と標準偏差（縦棒線）。約半年間の降水量（952mm）によって泥土堆積物の EC は低下したが依然として高く（平均で 3.9dS/m）、その下の表土の平均 EC は調査開始の 1.7 から 1.1dS/m へと、わずかにしか低下しなかった。一点破線は除塩基準（0.6dS/m）。（伊藤ら、2015）

中に埋設した排水管（暗渠）の施工が大きく影響することも岩手県農試や宮城大学の調査で明らかにされた。岩手県農試による津波被災農地の追跡調査（調査期間の降雨：1019mm）によって、排水良好な圃場では表土の塩分濃度は水稲栽培可能なレベルまで低下したが、表土の直下の層（深さ 20～40cm）が硬いために水通りが悪い（排水性が低い）圃場では、表土の塩分濃度はなかなか低下しなかったことが明らかとなった（佐藤、2015）[6]。また、本暗渠が施工された圃場（宮城県名取市）に弾丸暗渠（深さ 30～50cm の土中に水平方向にトンネルを作り、土中の排水性を高める）を作った場合、弾丸暗渠がない隣接圃場に比べて降雨によって塩分の排水量が約 1.4 倍に増加した（千葉ら、2012）[7]。このように、自然降雨による被災圃場の除塩効率を高めるためには、塩分濃度の

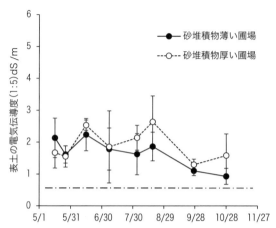

図5-5 砂質堆積物がある水田圃場における表土のECの推移
宮城県亘理地域の津波被災圃場の中で、砂質堆積物が薄く、塩分濃度が高い圃場（堆積物の厚さ 2.8±0.6cm、EC11±8dS/m、3圃場）と砂質堆積物が厚い圃場（堆積物の厚さ 12±5cm、EC5±4dS/m、4圃場）における表土20cmのECの平均値と標準偏差（縦棒線）。どちらの場合も砂質堆積物からの塩分が表土に溶脱したために、表土のECは水稲栽培可能な値（一点破線、除塩基準；0.6dS/m）にまでは低下しなかった。（伊藤ら、2015）

高い津波堆積物の除去、圃場排水性の向上、暗渠の施工が有効なことが明らかにされた。

5-5 津波が運んできた堆積物—泥土の問題と利用
1）堆積物は塩分だけでなく、養分も含んでいる

　宮城県の津波被災農地広域土壌調査によって、泥土状津波堆積物は水分を多量に保持し、塩化ナトリウムを主体とした多量の塩分を含むことがわかっている（菅野、2012）[1]。このような泥土を表土に鋤き込んだ場合や農地表面に放置した場合は図5-4のように降雨で溶脱し、表土の塩分濃度が高まり、除塩を遅らせることになる。しかしながら、泥土は表土と同程度か、それ以上の養分を含んでいることも明らかになってい

5. 津波被災農地の除塩後の課題と生産力回復のための技術

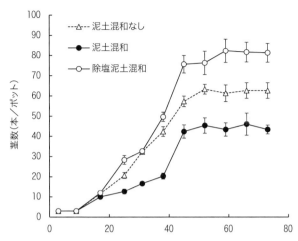

図 5-6　塩分濃度の高い津波堆積泥土の混和が水稲生育に及ぼす影響
粘土分の多い泥土（石巻市の海岸近くの圃場に厚く堆積し、1年間野外にあった泥土。多量の塩分を含み、EC（1:5）は5.8dS/m）を通常の水田表土に容積で 16 % 混合し（表土 12.5cm：泥土 2.5cm）、慣行的な施肥を行い、1/2000a ポットで水稲（ひとめぼれ）の栽培を行った。水稲は茎の数を増加させながら成長し、茎数が多いほど収量が高い。(伊藤、2014)

る。津波堆積泥土は、表土に比べて作物が吸収できる窒素（可給態窒素）（佐々木、2015)[8] やリン酸（可給態リン酸）（高橋、2015[9]）が多いことや、作物にとって重要な養分であるカリウムとマグネシウムが多いこと（後藤・稲垣、2015a)[10] が明らかにされている。

　津波堆積泥土の窒素肥沃度が高いことを栽培実験で示したのが図 5-6 である。用いた堆積泥土は 1 年間、野外に放置されていたにも関わらず、塩分濃度が高かった。この津波堆積泥土をわずか 2.5cm（厚さ）混和しただけで、水稲に塩類濃度障害が生じ、成育は激しく低下した（図5-6）。しかしながら、水溶性塩分を除去した泥土（除塩泥土）を混和した場合は水稲の茎数が大幅に増加した。これは、泥土に含まれている有機物が微生物によって分解され、水稲が吸収できる無機態窒素（アンモニア態窒素）になって放出されたためである。

泥土は農地への塩分持ち込み量を増加させるので、厚く堆積している場合は可能なかぎり早急に除去することが望ましいと考えられた。しかし、堆積物を除去するためには、費用と時間を要し、堆積物の保管も必要になり、さらに上述したように作土の削剥も伴うことは大きな問題である。幸い、今回の津波堆積泥土の有害重金属の含有は宮城県（島ら、2012[11]；稲生ら、2013）[12] と福島県（後藤・稲垣、2015a）[10] の例では表土に比べて多いわけではないことから、除塩速度は遅くなるが、津波堆積物を表土に鋤き込み、農業利用することも有効と考えられた。津波堆積物を農地に鋤き込むことによって利用しながら農地復旧の早期化を実現した例を、福島県相馬市の農地復旧にみることができる（後藤・稲垣、2015b）[13]。

2）硫化物には注意が必要
　海底や河底に堆積している還元性の泥土は、硫化鉄（FeS）やパイライト（Fe_2S）を含み、これが陸上では酸化されて、硫酸を生じる。津波堆積物の中には、このような海底や河底に由来する泥土状堆積物を主成分とするものもあり、これらは陸上では主に微生物酸化によって硫酸を生じ、土壌を酸性化する。このような泥土が水田に多量にすきこまれると、硫化物から生成した硫酸イオンが水稲栽培期間中に還元され、硫化水素に変化する。通常は、水田土壌中では硫化水素は還元鉄と難溶性の沈殿（硫化鉄）を生じ、無毒化される。しかし、土壌の遊離酸化鉄含量の少ない場合は、硫化水素の一部が遊離の形態で存在し、水稲根の養分吸収阻害や根腐れを引き起こす。
　宮城県の被災農地表層に堆積した泥土 295 試料のうち 104 試料を分析した結果（秋田ら、2012）[14] では、可酸化性イオウ（過酸化水素水を用いた酸化処理によって硫酸に変化するイオウ（硫化鉄やパイライト、等））の濃度は、0〜16gS kg^{-1}（平均で 2.2gS kg^{-1}）の範囲を示し、変動が大きかった。例えば、図 5-6 の栽培試験に用いた石巻市の海岸近くの圃場に厚く堆積した泥土は、高い過酸化性イオウ濃度（7.7gS kg^{-1}）を

5. 津波被災農地の除塩後の課題と生産力回復のための技術

示した。しかし、ほとんどの泥土試料の可酸化性イオウ濃度は低かった。硫化物の多寡を簡易に判断する方法（堆積物を過酸化水素水で酸化処理した後の pH が 3 未満の場合は多いと判断する）によれば、宮城県の被災農地の堆積物のうち土壌を酸性化させる可能性があると推定されたのは 24 ％であった（島ら、2012[11]；稲生ら、2013[12]）。多くの津波堆積物の主成分は津波で削剥された農耕地の表土が再堆積したものであることが、Takashimizu ら（2012[15]、Szczuciński ら（2012[16]、南條（2014[17]）によって明らかにされている。

　しかし、硫化物濃度の高い泥土（おそらくは海底堆積物が主成分）を多量に鋤き込んだ場合は、多量の硫酸が生成し、強酸性となる可能性がある。福島県相馬市（後藤・稲垣、2015b[13]）では、降雨による塩分溶脱の促進と堆積物中の養分の水稲生産への活用を意図して、10cm ほどの津波堆積物を表土に鋤き込んだ。その結果、表土の pH が 3.8 にまで低下したが、改良資材として転炉スラグを 5〜10Mg/ha 施用することによって、土壌の pH を上昇させ（5.2〜6.3）、かつ除塩を促進することに成功している。

　東北地方では水田を畑地利用する場合（転換畑）、大豆栽培に利用されることが多い。大豆は酸性に対する耐性は高くなく、カルシウム要求量も多いので、泥土鋤き込み、転作ダイズ作を考慮した場合は土壌 pH の矯正とカルシウムの補給は不可欠である。水稲への硫化水素発生害に対しては、酸化的な水管理（早い時期からの間断灌漑など）や有機物管理（生わらにかえて堆肥の施用）による対策が考えられる。

5-6　除塩後の被災農地の問題：除塩過程で起こる土壌の交換性塩基の変化

　海水が流入した土壌では、海水中の陽イオンと土壌の負荷電に吸着した陽イオンとの間で交換反応が起こり、吸着態のカルシウムが減少し、ナトリウムとマグネシウムが増加した（菅野、2012[1]）。例えば、カルシウムがどのくらい減少したかというと、仙台平野を中心とした被災水田

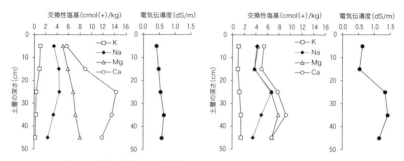

図 5-7 除塩が終了した津波被災水田の交換性塩基濃度と電気伝導度
津波被災当年（2011）に湛水除塩が終了し、水稲を1作栽培した水田圃場（左：石巻市）と除塩が終了したばかりの圃場（右：東松島市）より、2012年4月に深さ別に土壌試料を採取した。交換性陽イオンは水溶性画分も含む見かけの値であり、電気伝導度は風乾細土：脱塩水＝1:5の懸濁液の測定値（EC）で、水溶性塩分の総濃度を表す。（伊藤、2015a）

の交換性カルシウムの平均値は、被災前の宮城県の代表的水田土壌のおおよそ半分になっていた。除塩終了1年目の水田でも、排水不良の場合は比較的多量の吸着態（交換性）ナトリウムが残存していた（瑞慶村ら、2013）[18]。著者らが調査した、宮城県石巻市の除塩が終了してから、1年間水稲栽培を行った水田の例（図5-7）でも、表土の電気伝導度が除塩によって水稲生育に障害を与えない程度（EC 0.6dS/m 未満）に低下しているが、ナトリウムは土壌粒子に吸着した形で表土に残存していた。一方でカルシウムは下層土に溶脱したために表土で減少していた（伊藤、2015a）[19]。海水の影響がない、通常の水田土壌では交換性ナトリウムはカリウムと同程度か、それ以下であることを考え合わせると、図5-7に示した2つの土壌ではナトリウムがカリウムの数倍量になっており、多量のナトリウムが残っていることが明らかである。

このような海水流入と除塩による土壌のイオン組成の変化を詳細に理解するために、海水流入土壌の除塩実験を行った。図5-8は、通常の水田土壌に海水を添加してモデル被災土壌を調製し、その後で代かき除塩を5回行い、除塩過程の水溶性塩分濃度（土壌懸濁液の電気伝導度）と水溶性の陽イオンも含む"見かけの交換性陽イオン"濃度の変化を示し

5．津波被災農地の除塩後の課題と生産力回復のための技術

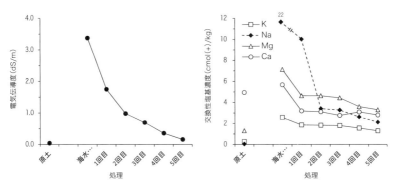

図 5-8　海水流入土壌の除塩過程における電気伝導度と交換性塩基濃度の変化

砂質の水田土壌（グライ低地土、土性 SL）に海水を添加し、その後で代かき除塩を5回行い、除塩過程における電気伝導度（土壌：水 = 1:5 の懸濁液を測定、水溶性塩分の総濃度を表す。）と見かけの交換性陽イオン濃度（1 M 酢酸アンモニウム抽出のカリウム（K）、ナトリウム（Na）、マグネシウム（Mg）、カルシウム（Ca））の変化を追跡した。海水流入とその後の淡水を用いた除塩過程を模して、土壌100kgに対して100Lの海水を添加し、3日間静置した。上澄みの半量（50L）を除去し、電気伝導度を測定（試料名：海水添加）。淡水50Lを加え、撹拌して上澄み液を50L採取（試料名：1回目）。同様の操作を合計5回繰り返した。原土：海水の影響を受けていない水田土壌の作土、海水添加：海水添加後の土壌、1回目-5回目：各除塩後の土壌、の測定値。土壌の交換性陽イオン濃度は、上澄み液を採取した時に同時に少量の土壌を採取して、風乾後に分析を行った。（伊藤、2015a）

たものである。海水流入後に土壌の電気伝導度（水溶性塩分濃度）は増加したが、除塩によって急速に減少し、4回目の洗浄で除塩が完了した（水稲の除塩基準 0.6dS/m 以下に）。海水添加によって土壌の交換性カルシウム濃度は、元の土壌（原土）のレベルより減少した。これは、土壌に海水が流入すると、海水の主な陽イオン（ナトリウムとマグネシウム）との交換反応によって土壌に吸着していたカルシウムイオンが水中に放出され、代かき除塩の場合は上澄み液とともに、現地で主に実施された縦浸透除塩では下層土への溶脱によって、除去されるからである。一方で、ナトリウムイオンとマグネシウムイオンの一部は土壌に吸着するために、水で洗浄してもこれらの一部は土壌中に残存する。

このように、津波被災農地では、除塩によって表土の水溶性塩分が十

分除去されたとしても、土壌塩基のバランスは津波以前の土壌と大きく異なること（カルシウムの減少とナトリウムの増加が問題）や、図5-7の東松島市の被災水田のように下層土に塩分が残存する場合があることに注意が必要である。現地調査でも明らかになったように、下層土の塩分は夏期の落水や乾燥に伴う表土への毛管上昇によって、水稲や大豆に塩害を引き起こす可能性がある。

5-7　ナトリウムが残った除塩土壌の問題と対策

　土壌にナトリウムが増えると、どんな問題が起こるのだろうか？

　土壌中の小さな粒子は有機物とカルシウムが接着剤になって結合し、大きな粒子（団粒構造）を作る。この団粒構造が発達すると、土壌には隙間が多くなり、柔らかく水持ちの良い土壌になる。通常の土壌では、土壌粒子に保持された陽イオンとしてはカルシウムが最も多く、ナトリウムはほとんど存在しない。しかし、排水不良の除塩後の土壌のように、ナトリウムの割合が高くなると、団粒の結合に役立っているカルシウムがナトリウムで追い出されるために、団粒がもろくなってしまう。団粒が降雨の衝撃などで崩壊すると、表面水中に粘土が分散し、排水すると土壌表面に粘土の皮膜が生成し、作物の出芽が阻害される場合がある。このようなことは、土壌の陽イオン交換容量のうちのナトリウムの割合（交換性ナトリウム率）が15％を超えた土壌で起こりやすいとされている。

　さらに、ナトリウムがイネの生育に悪影響を及ぼす場合がある。交換性ナトリウム率が20％を超えた土壌でイネの収量は低下し、80％では半減するとされている（Gupta & Abrol、2000）[20]。これは、ナトリウムの過剰吸収によってカルシウムとカリウムの吸収が抑制されるためである（ナトリウム害）。例えば、水耕栽培の実験では、カルシウムに対してナトリウム濃度が高いと、イネのナトリウム吸収が増加し、カルシウムとカリウムの吸収が抑制されるために生育量が低下するとされている（Muhammedら、1987）[21]。ダイズは、イネよりも低い交換性ナトリウム

5. 津波被災農地の除塩後の課題と生産力回復のための技術

率でナトリウム害が発生し、16～20％で収量が半減する（Gupta & Sharma、1990）[22]。このことは、水田をダイズ栽培に利用している割合が高く、全国で第2位のダイズ生産県である宮城県では、特に注意が必要である。

　津波被災農地の復旧には、除塩土壌における交換性カルシウムの減少と交換性ナトリウムの増加による問題を生じさせない土壌改良が必要である。そのためには、減少したカルシウムを補給し、吸着態ナトリウムを交換・除去することが重要である。ナトリウム質土壌の改良法として、世界的には石膏（硫酸カルシウム）のようなカルシウム資材の施用が推奨されており、わが国の「除塩マニュアル」では石膏や炭酸カルシウムの施用（1,000～2,000kg/ha）が推奨されている（農林水産省農村振興局、2011）[23]。例えば、バングラデシュの海岸塩性土壌（交換性ナトリウム率は23％）に石膏を施用する（160kg/ha）とイネのナトリウム濃度が低下し、カリウムとカルシウム濃度が増加し、生育量が増加した（Khanら、1992）[24]。石膏は溶解度の高いカルシウム資材なので水溶性

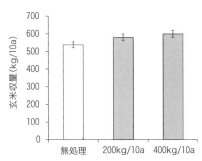

図5-9　津波被災農地における水稲収量に対する製鋼スラグ系資材の効果
2011年の東北地方太平洋沖地震津波によって被災した水田（宮城県石巻市）。この圃場を用いて、除塩して2年目にあたる2012年に転炉石灰（製鋼スラグ）を200kg/10a（通常の圃場における標準施用量）、400kg/10a施用して、水稲の圃場栽培試験を行った。ナトリウムが残存する除塩土壌において、転炉石灰（カルシウムとケイ酸を供給）の施用は、イネのナトリウムの害の緩和（カルシウム吸収の増加、ナトリウム吸収の抑制）、ケイ酸濃度増加による光合成促進、pH上昇による土壌有機態窒素の無機化促進、によって玄米収量を約10％増加させた。（Gao, Ito et al., 2016）

カルシウムの供給には有効だが、硫酸イオンを多量に含むことから、pH が低い土壌や還元条件で硫化水素が発生しやすい水田土壌では炭酸カルシウムの方が適当である。

さらに、イネは他の作物に比べて多量のケイ酸を必要とする作物で、ケイ酸吸収量を増加させると生育・収量が改善されるだけでなく、いろいろな生物的・非生物的ストレスに対する抵抗性が向上することが知られている。ケイ酸施用は、イネのナトリウム吸収と葉の蒸散量を抑制すること（Matoh ら、1986）[25]、地上部へのナトリウム移行を抑制すること（Yeo ら、1999）[26]、などによって、イネのナトリウムイオンによる塩害（ナトリウム害）を緩和することが知られている。

これらのことから、ケイ酸も含むカルシウム資材である製鋼スラグ系資材（転炉石灰など）が、津波被災・除塩土壌の改良に有効であることが期待される。実際の津波被災・除塩圃場で著者らが行った栽培試験（Gao ら、2016）[27] において、製鋼スラグの施用は水稲のカルシウム吸収の増加、ナトリウム吸収の低下（ナトリウムイオン害の緩和）、ケイ酸吸収量の増加（光合成能の向上）によって玄米収量が増加した（図 5-9）。この実験からも、津波で被災し、除塩された水田土壌の修復にはカルシウムの補給が重要であることがわかる（伊藤、2015b）[28]。

水稲の生産調整も兼ねて水田圃場の一部は畑に転換されてダイズ生産に利用されている。さらに、ダイズの耐塩性、耐酸性、耐湿性が水稲よりも低く、ダイズ根粒の窒素固定活性は塩類ストレスに弱いこと（池田ら、1987）[29] を考え合わせると、津波被災・除塩土壌の生産性を回復させるには、減少したカルシウムの補給、pH の調整、団粒構造の維持による透水性向上効果が期待できるカルシウム資材の施用が、不可欠と考えられる。

5-8 農地回復は道半ば

除塩工事が終了しても津波被災農地の生産力が回復したわけでない。津波や除塩工事によって作土が削剥され、低肥沃性土壌が客土された圃

5．津波被災農地の除塩後の課題と生産力回復のための技術

場の生産性回復は、支援が必要な重要課題である。また、海水流入とその後の除塩によって水田土壌の塩基組成は変化している（交換性カルシウムの減少、交換性マグネシウムとナトリウムの増加）ことを認識し、そのことの作物への影響、とりわけナトリウムの影響を受けやすいダイズに対する影響に注視しながら、津波被災土壌のモニタリングや対策技術研究を継続していくことが大切である。農地の回復は、まだ道半ば、である。

参考文献

1）菅野均志 2012．環境情報科学，41，5-9．

2）伊藤豊彰 2014．ペドロジスト，58，51-58．

3）星信幸・遊佐隆洋 2012．日本海水学会誌，66，74-78．

4）阿部倫則・本田修三 2015．日本土壌肥料学雑誌，86，441-442．

5）伊藤豊彰・今関美菜子・渋谷智行・今野知佐子 2015．日本土壌肥料学雑誌，86，406-408．

6）佐藤喬 2015．日本土壌肥料学雑誌，86，396-398．

7）千葉克己・冠秀昭・加藤徹 2012．土壌の物理性，121，29-34．

8）佐々木次郎 2015．日本土壌肥料学雑誌，86，439-440．

9）高橋正 2015．日本土壌肥料学雑誌，86，404-405．

10）後藤逸男・稲垣開生 2015a．日本土壌肥料学雑誌，86，412-414．

11）島秀之・小野寺和英・金澤由紀恵・小野寺博稔・阿部倫則・若嶋惇子・稲生栄子・森谷和幸・今野知佐子・上山啓一・伊藤豊彰・菅野均志 2012．宮城県古川農試報告，10，33-42．

12）稲生栄子・上山啓一・森谷和幸・今野知佐子・小野寺和英・島秀之・伊藤豊彰・菅野均志 2013．宮城農園研報告，81：63-87．

13) 後藤逸男・稲垣開生 2015b. 日本土壌肥料学雑誌, 86, 452-458.

14) 秋田和則・千葉ゆか・菅野均志・高橋正・南條正巳・齋藤雅典・伊藤豊彰 2012. 土肥学会要旨集, 58, 98.

15) Takashimizu Y., Urabe A., Suzuki K. & Sato Y. 2012. Sediment. Geol., 282, 124-141.

16) Szczuciński W., Kokociński M., Rzeszewski M., Chague-Goff C., Cachao M., Goto K. & Sugawara D. 2012. Sediment. Geol. 282, 40-56.

17) 南條正巳 2014. 菜の花サイエンス—津波塩害農地の復興—, 66-78.

18) 瑞慶村知佳・北川巌・友正達美・坂田賢 2013. 農工研技報, 214, 9-16.

19) 伊藤豊彰 2015a. 日本土壌肥料学雑誌, 86, 434-436.

20) Gupta R. K. & Abrol I. P. 2000. Expl. Agric., 36, 273-284.

21) Muhammed S., Akbar M. & Neue H. U. 1987. Plant and Soil, 104, 57-62.

22) Gupta S. K. & Sharma S. K. 1990. Irrig. Sci., 11, 173-179.

23) 農林水産省農村振興局、2011. 「農地の除塩マニュアル」
http://www.maff.go.jp/j/press/nousin/sekkei/pdf/110624-01.pdf

24) Khan H. R., Yasmin K. F., Adachi T. & Ahmed I. 1992. Soil Sci. Plant Nutr., 38, 421-429.

25) Matoh,T., Kairusmee P. & Takahashi E. 1986. Soil Sci. Plant Nutr., 32, 295-304.

26) Yeo A. R., Flowers S. A., Rao G., Welfare K., Senanayake N. & Flowers T. J. 1999. Plant Cell Environment, 22, 559-565.Gao Xu, Ito T., Nasukawa H. & Kitamura S. 2016. ISIJ International, 56, 1103-1110.

27) Gao Xu, Ito T., Nasukawa H. & Kitamura S. 2016. ISIJ International, 56, 1103-1110.

28) 伊藤豊彰 2015b. 日本土壌肥料学雑誌, 86, 393-395.

5．津波被災農地の除塩後の課題と生産力回復のための技術

29）池田順一・小林達治・高橋英一 1987．日本土壌肥料学雑誌，58，53-57．

6. 耐塩性アブラナ科作物の作出 ～耐塩性強ナタネ系統の開発～

(北柴 大泰)

6-1 セイヨウナタネ耐塩性の再評価

東北大学大学院農学研究科には、世界から収集したアブラナ類の遺伝資源が保管されており、この中には、セイヨウナタネ56系統・品種がある。これらの系統について、耐塩性試験を2011年から2012年にかけて行った。耐塩性は、塩を含まない条件で栽培した時の乾物重量に対する、塩条件下で栽培した時の乾物重量の比を計算し、成長比として表している。成長比が高いほど耐塩性が高いと評価することとして調査した。その結果、耐塩性の程度に大きな系統間差があることが見出されたが、強いものと弱いものに明瞭に分かれず、成長比は連続的に分布した（詳細は「菜の花サイエンス」（東北大学出版会、2014）の p.47～p.54を参照）[1]。このことは、耐塩性は単一または少数の遺伝子によって支配される質的な特性ではなく、複数の遺伝子に支配される量的な特性であることを意味している。

塩害の主な原因は、細胞を取り囲むナトリウムイオンや細胞内に流入するナトリウムイオンにある。細胞外のナトリウムイオン濃度が高まるにつれて、ナトリウムイオンが細胞内に流入する（図6-1A）。元来ナトリウムイオンは植物の細胞においてほとんど必要ではなく、むしろ、様々な酵素反応、代謝等を阻害するため害となる。また、細胞内へのナトリウムイオンの流入が進むと、細胞内外の浸透圧差が小さくなり、細胞内への吸水が滞り、むしろ水分が細胞外へ奪われてしまう。そこで植物では、ナトリウムイオンを能動的に排出する仕組み、細胞内の液胞にナトリウムを隔離する仕組み、葉に移動したナトリウムイオンを根に送り返し排出する仕組みなど、障害を回避する仕組みが働く（図6-1B）。

また、細胞内外の浸透圧を調節するために、細胞内にショ糖、糖アル

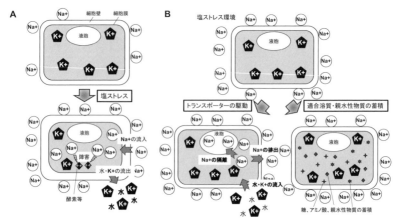

図 6-1　ナトリウムが植物細胞に引き起こす障害（A）とその障害回避機構（B）

コール、アミノ酸（プロリンやベタインなど）、親水性物質等を合成して集積し、細胞内の浸透圧を高めて吸水を回復、維持させる仕組みも持っている（図 6-1B）。

　それぞれの仕組みには多くの遺伝子が関わっている。しかし、それらの遺伝子の働きに少しずつ差があるため、耐塩性に系統間差が生じると考えられることから、その差をもたらす要因を明らかにできれば、セイヨウナタネの耐塩性をより高めた品種の育成が可能となる。耐塩性の系統間差を決める遺伝的な要因、原因遺伝子は何か？　その答えを見つけるために、筆者らは、様々な観点から塩処理後のセイヨウナタネの反応を観察し、観察した結果と結びつく遺伝子の探索を進めた。

　これまでに利用してきたセイヨウナタネの品種・系統（「菜の花サイエンス」（東北大学出版会、2014）の p.47 ～ p.54）に加え、中国の武漢市にある油糧作物研究所（Oil Crops Research Institute, China）からセイヨウナタネ系統を譲り受け、合計 85 系統・品種について塩処理後の様々な反応を観察した。油糧作物研究所は、油糧作物（ナタネ類、ダイズ、ラッカセイなど）について、遺伝資源の収集と保存、評価、品種育成および育成技術に関わる遺伝学的研究を進めている、中国の最重要拠

6. 耐塩性アブラナ科作物の作出

点となる研究機関である。特に、セイヨウナタネの品種育成、研究は活発で、最近では乾燥ストレス耐性の遺伝学的な研究も行っている。2012年～2014年の3年にかけて、筆者らの東北大学植物遺伝育種学研究室と共同で、「環境ストレス耐性セイヨウナタネの開発に関するプロジェクト」を進めてきた。耕作可能地域が徐々に浸食されて、2014年時点で世界の乾燥地帯は世界の陸地の40％に広がっていると言われている（Zhang et al.、2014）[2]。乾燥地帯では、土壌に塩類も集積しやすく、乾燥害のみならず塩害にも悩まされやすい。乾燥地帯での土壌塩濃度は徐々に上昇してくる。そこで筆者らは85系統・品種への塩処理においては、その処理条件を次のように設定した。播種してから3週間成育させた苗に、はじめに25mM塩化ナトリウム（NaCl）溶液を処理し、2日おきに25mMずつ濃度を上げ、最終的に100mM NaCl溶液で3週間栽培した（塩処理区）。観察は、地上部の新鮮重量、地上部の乾物重量、単位乾物重量あたりのナトリウム（Na）量、カリウム（K）量を測定した（Yongら、2015）[3]。調査の結果、塩処理をしないで成育させた（無処理区）同じサンプルと比較すると、新鮮重量も乾物重量も共に減

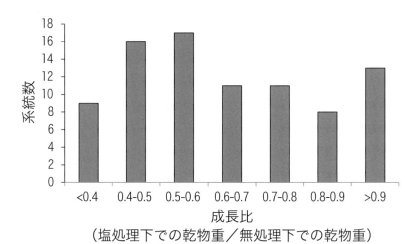

図6-2 セイヨウナタネ85系統の塩処理後の成長比の分布

少した。乾物重量の値を使って、無処理区での乾物重に対する塩処理区での乾物重の比（成長比）を各系統ごとに計算した結果、図6-2に示すように、低いもので4割以下にまで成育が減少した系統から、高いもので9割を超す系統まで、広範囲

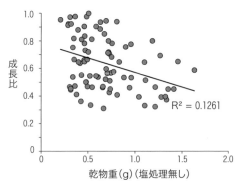

図6-3　塩処理後の成長比と無処理時の乾物重の関係

に渡る分布が見られた。中には成長比 0.99 という値を示す系統があり、これは、塩処理を施してもほとんど成長が減少しない系統であることを意味する。興味深いことに、成長比と無処理時の乾物重量または新鮮重量の間には有意な逆相関がみられた（図6-3）。成育量が大きい系統・品種ほど、塩処理による被害が大きいことを示唆している。塩処理した植物体の葉におけるナトリウム含有量を測定した結果、乾物重量 1g あたり 29mg を含む系統・品種から、高いもので 80mg を超えるものまで存在した（図6-4A）。しかしながら、葉のナトリウム量と前述した成長比との間には有意な相関は見られなかった。成長比の程度の大小は、前述したように、耐塩性の強弱の程度に相当する。つまり、耐塩性が強い系統であっても弱い系統であっても、ナトリウム高蓄積を示す系統もあれば、低蓄積を示す系統もあるということを意味している。カリウムはどの系統も無処理時から比べると減少し、その程度は、乾物重量 1g あたり 6mg から 27mg で（図6-4B）、こちらも系統間差が見られた。

　以上の観察された値を総合的に見てみると、次のような特徴を持つ系統が存在することが分かった。成長比が 0.9 を超え、かつ、ナトリウム蓄積量が 65mg/乾物重 g を超える系統は、4系統あった。さらにこれらの中には、新鮮重や乾物重が高い値を示すものと、その半分以下の低い値を示すものとがあり、それぞれは図6-5の実線矢印と矢じりで示した

6. 耐塩性アブラナ科作物の作出

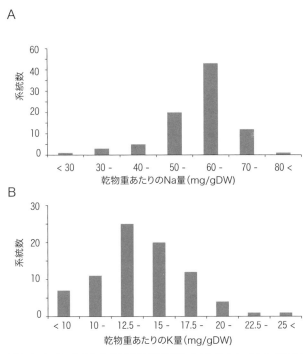

図6-4 セイヨウナタネ85系統の塩処理後のナトリウム (Na) 蓄積量 (A) とカリウム蓄積量 (B) の分布

ものに相当する。図6-5の実線矢印で示した系統は、系統番号 'N115' と 'N119' であり、これらは収穫までの間も比較的高い成長が期待される。高いバイオマスを維持し、ナトリウム高蓄積能力を持つ系統であれば、土壌からナトリウムを回収する除塩植物としての利用が期待される。日本では、水田土壌のカドミウム汚染がしばしば問題となっており、カドミウム除去を目的として、カドミウム高蓄積性の品種の探索や育成がなされている。このように、植物を使って、土壌中の重金属等の有害物質の濃度を低下させることを「ファイトレメディエーション」という。得られたデータから 'N115' 系統のファイトレメディエーション能力を試算してみると次のようになる。例えばセイヨウナタネの通常栽

IOI

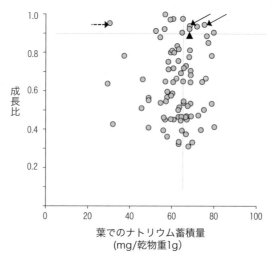

図 6-5 塩処理後の成長比と葉でのナトリウム蓄積量との関係
実線の矢印は、新鮮重や乾物重が高い値を示す系統
矢じりは、新鮮重や乾物重が低い値を示す系統
破線矢印は成長比が高いが、ナトリウム蓄積量が低い系統

培での1アール（100m²）あたりの乾物重量を100kgとした場合、100mM条件下での'N115'の成長比は0.95で、ナトリウム含有量が乾物重量1gあたり75.2mgであることから、この場合、100,000g × 0.95 × 75.2mg/g = 7,144,000mgとなり、約7.1kgのナトリウム回収が期待される。'N119'系統では約6.4kgのナトリウム回収が期待される。

　一方で、成長比が高く、ナトリウム蓄積量が低い系統が1系統あった（図6-5の破線矢印）。この系統は低蓄積性であるため、ナトリウム障害を回避して成長が維持されている考えられる。ただし、この系統は新鮮重および乾物重が、調査した85系統中最下位と非常に低かった。そのため、経済的な栽培はあまり見込めない。しかし、新たにナトリウム低蓄積品種を育成するうえでは、非常に有用な遺伝資源になると期待される。

6. 耐塩性アブラナ科作物の作出

6-2 関連遺伝子座の同定

ナトリウム高蓄積または低蓄積性の特性を持ち、かつ、比較的高い成長比を維持するような系統を効率良く育成するには、これらの遺伝的な要因を知ることが不可欠である。関連する遺伝子座を同定し、関連遺伝子を特定することは、それら特性のメカニズムを理解するだけでなく、効率良い品種開発技術に大きく貢献することになる。そこで、筆者らはこれら特性についての遺伝解析に挑戦した。具体的には、セイヨウナタネの染色体の広範囲に渡る約2万5,000か所のDNAの塩基配列の違い（多型）を全85系統について調べ、その差異と調査した各特性の程度との関連性を統計学的に計算し、各特性に大きく関連する遺伝子座を同定した（図6-6）。この手法はゲノムワイド関連解析（Genome Wide Association Study：GWAS）と呼ばれ、高速でかつ大容量のゲノム塩基配列を決定する次世代シーケンサーの分析機器が開発されたことに伴い生まれた遺伝解析手法である。この解析には、別途、対象とする植物種の

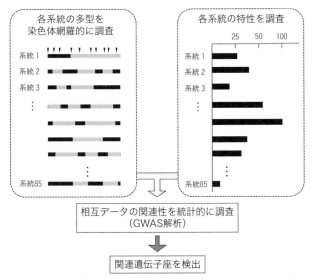

図6-6 GWAS（Genome Wide Association Study）の研究の流れの例

ゲノム塩基配列情報が必要であるが、その塩基配列決定には数千万円規模の分析コストが必要である。セイヨウナタネは、カブやハクサイが属する種とキャベツやケールが属する種が合わさって出来た種であると言われおり（「菜の花サイエンス」（東北大学出版会、2014）の p.19〜 p.23 を参照）[1]、幸いにもハクサイのゲノム塩基配列情報とキャベツのゲノム塩基配列情報が利用できる状況であった（2014 年当時）。一方で、2014 年にセイヨウナタネのゲノム塩基配列情報も公開され、利用できる状況となった。同種由来の情報を利用することが望ましいため、セイヨウナタネのゲノム情報を使って、GWAS 分析を進めた。その結果、成長比に関しては、遺伝的効果の小さな多くの遺伝子座が見出され、特に大きな遺伝的効果のある遺伝子座は見出されなかった。つまり、特定の遺伝子によるのではなく、多くの効果の小さい遺伝子が統合して、「耐塩性」の強弱が決められているということになる。ナトリウム蓄積量については 6 個、カリウム蓄積については 2 個の有意な遺伝的効果を持つ遺伝子座（関連遺伝子座）が見つかった。見出した各遺伝子座は 100kb 〜 400kb の範囲と広範囲に渡っていたが、そこにはイオンを輸送する役割を担うトランスポーター（輸送体）遺伝子、適合溶質遺伝子、転写因子遺伝子（詳細は後述）等が見つかった。関連遺伝子を特定するまではまだ時間を必要とし、継続的に分析を続けているところである。一方で関連補遺伝子座の極近傍にある塩基配列の差異は、品種育成上重要な情報である。その差異を利用して DNA マーカー（塩基配列の差異を検出することの出来る分子マーカー）を作成し、ナトリウム蓄積、カリウム蓄積との関連性を再度検証することで、育種を効率よく進める技術開発が期待できる。除塩能力のあるセイヨウナタネの新品種も遠い未来の話ではなくなってきている。

6-3　塩処理によって誘導される遺伝子

　セイヨウナタネ 'N115' や 'N119' 系統は、耐塩性のみならず、除塩植物としても有望であることは上述した通りである。では、塩処理によっ

6. 耐塩性アブラナ科作物の作出

てこれらの系統の細胞でどんな遺伝子が働きだしているだろうか？　遺伝子の本体は DNA であるが、DNA から RNA が合成され（転写）、さらに RNA の配列に従ってアミノ酸が並んだタンパク質が合成される（翻訳）。このステップを「遺伝子が発現する」と呼んでいる。また、植物が成長していく過程で、外的または内的になんらかの要因の影響をうけて遺伝子の発現が開始されるが、この場合、遺伝子発現が「誘導」される、と表現される。「誘導」の逆で、遺伝子が発現しない状態のことは、「抑制」と表現される。

　細胞内の浸透圧を調節する物質として、前述したようにショ糖や糖アルコール、また、アミノ酸（ベタイン、プロリンなど）があるが、これらは総称して「適合溶質」とよばれている。また、親水性の物質も塩ストレス後に速やかに細胞内に蓄積し、水分保持の役割を担うほか、酵素等の機能性タンパク質が変性しないように保護している。この親水性物質一つに LEA（Late Embryogenesis Abundant）タンパク質がある。'N119'では LEA タンパク質をコードしている遺伝子の発現が、耐塩性弱の系統と比較して 7 倍も速やかに誘導することが以前の研究で明らかになり（「菜の花サイエンス」（東北大学出版会、2014）の p.47 〜 p.54 を参照）[1]、これが 'N119' の優れた耐塩性の一つの要因であると考えられた。しかし、先にも述べたように、耐塩性には多くの遺伝子が関わっている。そこで、'N119' を例として、塩処理によりどのような遺伝子の発現が誘導されるのか、逆に抑制されるのか、次世代シーケンサーによる分析技術を利用して、さらに多くの遺伝子の挙動を網羅的に分析した（Yong ら、2014）[4]。このような研究手法は「トランスクリプトーム解析」と呼ばれている。

　播種後 3 週間の苗に、200mM の NaCl 溶液を処理し、処理 1 時間後と 12 時間後に、葉と根で転写された RNA の種類と量を分析した。その結果、塩処理 1 時間後の葉と根では、併せて 9,242 種類の遺伝子が、処理 12 時間後には 7,795 種類の遺伝子が処理前と比較して変動（誘導や抑制）していることが分かった。植物が環境ストレスを感知した際

に、転写因子と称される種類の遺伝子が動き出すことが、様々な植物で報告されている。'N119' においては、45 グループ 558 種類の転写因子遺伝子が葉や根で誘導されていることが分かった。細胞内にナトリウムイオンが蓄積することは、前述したように細胞内の様々な生理作用を阻害する。一方で、カリウムイオン（K＋）やカルシウムイオン（Ca2＋）は植物にとって必須元素で、細胞内に蓄積することが重要である。一般に、ナトリウムイオンに細胞がとり囲まれると、ナトリウムイオンは細胞膜にあるチャネルタンパク質を通って細胞に輸送され、カリウムイオンもチャネルを通って細胞外に輸送（排出）される。しかし一方で、カリウムイオン不足を回避するべく、ナトリウムの排出、カリウムイオンの取り込みがナトリウムポンプ等を通して能動的に行われ、細胞内の恒常性を維持するための機構が動く。'N119' における葉と根での、チャネルやポンプといった役割を持つトランスポーター（輸送体）タンパク質群の、それら遺伝子の発現変動を分析したところ、葉で 231 種類、根で 261 種類の遺伝子が塩処理によって変動し、これらのうち 56 種類の遺伝子が共通していた。少し詳しく見てみると、カルシウムイオンやカリウムイオンを取り込むトランスポーター遺伝子の発現が上昇し、一方で、ナトリウムイオンを取り込むトランスポーター遺伝子、カリウムイオンを排出するトランスポーター遺伝子の発現が減少していた。さらに葉では、液胞にナトリウムを輸送するトランスポーター遺伝子の発現が上昇していた。このことは、流入したナトリウムイオンは液胞に隔離されていると推測される。適合溶質 LEA 遺伝子の動向も分析した。その結果、23 種類の LEA 遺伝子が、根や葉において、塩処理後 1 時間で、無処理の時よりも 2 倍から 215 倍に上昇することがわかった。LEA 遺伝子は塩ストレスに対応するために重要な役割を担っていることをここでも示している。以上で取り上げた遺伝子はほんの一部であるが、多くの遺伝子が塩ストレスに応答して、塩耐性が獲得されていることが理解できる。

6. 耐塩性アブラナ科作物の作出

6-4 耐塩性セイヨウナタネ品種育成に向けて

　これまでに調査してきた既存のセイヨウナタネ品種や系統よりも、さらに耐塩性を高めた品種を育成するにはどのような方法があるだろうか。品種を開発（育成）することを「育種」というが、主な育種法としては、交雑育種、突然変異育種、遺伝子組換え技術による育種の3つの方法があげられる。突然変異育種は、DNAに突然変異を誘発することで、塩基の挿入、欠失、置換（元々の塩基が別の塩基に変わること）が偶然的に起こり、その結果生じる遺伝子の塩基配列の変更が特性に変化をもたらすことを利用した方法である。この方法を利用して、黒斑病抵抗性をもつ'ゴールド二十世紀'ナシや、'コシヒカリ'をさらに低アミロース化させて粘りが強くなった'ミルキークイーン'という品種が開発された。この育種法は、既存の品種が持つ特性の一部を改良するために有効である。遺伝子組換え育種も一部の特性を改変する方法として有効である。改変したい特性に関与する遺伝子を既存の品種に導入し、元来持っている遺伝子の発現を抑制させ、特性を不活性化させたり、元来持っていない遺伝子を付加し、新たな特性を付与したりする方法である。除草剤有効成分の一つであるグリホサートに対して耐性を示す遺伝子組換えダイズやセイヨウナタネが開発され、アメリカやカナダ等で栽培されている。環境ストレス耐性作物の開発という点では、突然変異育種法を利用して、近年、岩手生物工学研究センターが、ひとめぼれに突然変異誘発処理をして、耐塩性品種を開発し、'Kaijin'と名付けられた（http://www.ibrc.or.jp、Takagiら、2015)[5]。遺伝子組換え育種では、*DREB*（Dehydration Responsive Element Binding protein）と呼ばれる転写因子遺伝子を導入し、塩、乾燥、低温ストレスに対する耐性が高まったイネ等が開発されている（Todakaら、2012[6]；プロジェクト研究成果シリーズ 518、2014)[7]。

　一般的に品種開発で最も利用されているのは、交雑育種法である。固有の特性を持つ品種や系統同士を交配して次世代の種をとり、さらに自家受精させて、遺伝的に分離した後代の集団をつくり、目的の特性を持

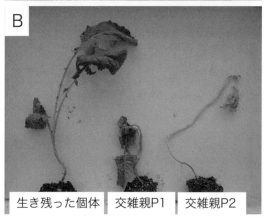

図6-7 500mM NaCl 溶液条件下での、セイヨウナタネ交雑後代の集団の耐塩性試験の様子（A）と生き残った個体の様子（B）

つ個体を選抜して、有望であれば品種にするという方法である。対象作物種のライフサイクルに依存するが、交雑から品種が出来るまで、例えばイネでは7年〜10年ほどの年限がかかる。

　筆者らは、'N119'のように耐塩性の強い系統をこれまでに見出している。そこで、それらを親として、交雑し、遺伝的に分離した世代の種子を用いて、耐塩性選抜を行っている。種を播いてから3週間経過した苗を、高濃度の塩化ナトリウム溶液に移して3週間処理し、交配親の系統の成長の様子を観察して、互いに比較して成長が良いものを選抜している。ほとんどのものは枯死してしまうが（図6-7A）、中には、生き残っ

6．耐塩性アブラナ科作物の作出

て成長を維持している個体が複数みられた（図6-7B）。つまり、交雑育種の方法により、耐塩性がさらに高まった個体が出現する可能性が示唆された。今後もさらに継続して、生き残る個体の選抜を進めていくが、前述した遺伝学的研究の進展に伴う開発技術、例えば、ナトリウム蓄積や低吸収能力に関わる遺伝子座近傍のDNAマーカーによる選抜技術等を使いながら、効率的に有望個体の選抜、特性の評価を進め、品種開発を進めていきたいと考えている。

参考文献

1）阿部美幸、伊藤豊彰、大串由紀江、大村道明、北柴大泰、齋藤雅典、中井裕、南条正己、西尾剛　菜の花サイエンス—津波塩害農地の復興—東北大学出版会（2014）

2）Zhang X, Lu G, Long W, ZouX, Li F, Nishio T.（2014）Recent progress in drought and salt tolerance studies in Brassica crops. Breed. Sci. 64：60-73

3）Yong HY, Wang C, Bancroft I, Li F, Wu X, Kitashiba H, Nishio T.（2015）Identification of a gene controlling variation in the salt tolerance of rapeseed（Brassica napus L.）Planta 242：313-326

4）Yong H-Y, Zou Z, Kok E-P, Kwan B-H, Chow K, Nasu S, Nanzyo M, Kitashiba H, Nishio T.（2014）Comparative transcriptome analysis of leaves and roots in response to sudden increase in salinity in Brassica napus by RNA-seq. BioMed Res International Article ID 467395

5）Takagi H, Tamiru M, Abe A, Yoshida K, Uemura Y, Yaegashi H, Obara T, Oikawa K, Utsushi H, Kanzaki E, Mitsuoka C, Natsume S, Kosugi S, Kanzaki H, Matsumura H, Urasaki N, Kamoun S, Terauchi R.（2015）MutMap accelerates breeding of a salt-tolerant rice cultivar. Nature Biotechnology 33：445-449

6）Todaka D, Nakashima K, Shinozaki K,Yamaguchi-Shinozaki K.（2012）Toward understanding transcriptional regulatory networks in abiotic stress responses and tolerance in rice. Rice 5：6

7）プロジェクト研究成果シリーズ（2014年），「DREB遺伝子等を活用した環境ストレスに強い作物の開発」新農業展開ゲノムプロジェクト 518：1-44

7. 圃場での栽培試験

(北柴 大泰)

7-1　耐塩性カラシナの種子増殖とエルカ酸含量の改良に向けて

　カラシナ（*Brassica juncea*）は、東北大学大学院農学研究科に34系統が保存されている。塩処理後の成長比を指標とした耐塩性試験では、'J105' 系統が著しく耐塩性能力が高いことが示された（詳細は「菜の花サイエンス」（東北大学出版会、2014）の p.47〜p.54 を参照）[1]。遺伝資源として管理されている各系統の種子量は非常に少ない。頻繁に世界各地から研究用として種子分譲の依頼があるが、5ml 程度の小瓶の半分程度の量しか配布できず、分譲先で必要に応じて増殖してもらうようにしている。耐塩性系統の育成は緊急性を要することから、可及的速やかに種子を配布できる体制を整えておくことが望ましいと筆者らは考え、2012年秋から2013年春シーズンにかけて、種子を増殖するための栽培を行った。場所は仙台市農業園芸センターの一画を借り、60m² 程度（3m × 20m）に播種し栽培した。時期としては遅かったが、2012年11月に播種し、2013年5月に入ると2mを越すまでに成長した。6月下旬には種子の収穫ができる程度まで成熟した（図7-1）。当時在籍した頼

図7-1　カラシナ J105 系統の開花時の成育の様子（A）と収穫作業（B）

もしい男子学生4人とともに、刈り取り、乾燥、そして篩にかけての種子選別を行い、ようやく約10kgの種子に増やすまでに至った。

　カラシナは、葉は高菜などの漬け物に、根部はザーサイに利用され、種子は黄からしの原料になる。種子には脂肪酸が多く含まれているため、インドでは主に油糧用として栽培されていて、品種育成も進んでいる。セイヨウナタネと同様に、種子中には主な脂肪酸としてオレイン酸、リノール酸、リノレイン酸の他、エルカ酸（エルシン酸）が含まれている。食用油としては、種子中のオレイン酸含量が高い品種が望まれている。一方、エルカ酸は、過剰に摂取すると心臓障害を誘発する恐れがあるとして、人体への悪影響が指摘されており、セイヨウナタネでは低エルカ酸、またはエルカ酸ゼロの品種開発が、日本国内を含めて、カナダ、中国などで進められている。カラシナも食用とする場合には、極力エルカ酸含量を低くした品種を利用することが望まれる。'J105'の種子中の脂肪酸含量を測定したところ、エルカ酸の含量は約46％と非常に高い数値であった。食用としての利用を図るには、エルカ酸含量を低くするための遺伝的な改良が必要になる。

　エルカ酸（C22:1）は、Fatty Acid Elongase 1（*FAE1*）の酵素の働きにより、オレイン酸（C18:1）からさらに炭化水素鎖が4つ伸長して合成される（図7-2）。2004年にインドの研究チームが、カラシナにある*FAE1*遺伝子の塩基配列を決定し、エルカ酸含量が高い値を示す系統のグループ、中間の値を示す系統のグループ、低い値を示す系統のグループそれぞれから*FAE1*遺伝子の塩基配列を決め、グループ間で*FAE1*遺

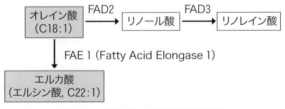

図7-2　エルカ酸の合成経路と関与酵素

7. 圃場での栽培試験

伝子の塩基配列を比較している（Guptaら、2004）[2]。その結果、高い値を示すグループと低い値を示すグループが持つ *FAE1* 遺伝子の塩基配列が数か所異なることが見出された。中間グループは両方のタイプの遺伝子を持つことも見出された。よって、エルカ酸の低い系統を利用することで、'J105' のエルカ酸組成を低く改良できると考えられる。具体的には、低エルカ酸系統と 'J105' を交雑して雑種第一代（F_1）を作出し、これに 'J105' を再度交雑して、後代（BC_1F_1）を作出する。この BC_1F_1 世代では、高エルカ酸タイプの *FAE1* 遺伝子だけを持つもの、高エルカ酸タイプと低エルカ酸タイプを併せ持つものに分かれる。この中から、両タイプを持つものを選抜し、再度 'J105' 系統を交雑する（戻し交雑）。さらに同様に選抜と 'J105' 系統の交雑をし、これを 10 世代ほど繰り返し、その中から両タイプの *FAE1* 遺伝子を持つ個体を選抜して自家受精させると、次の世代には *FAE1* 遺伝子だけ低エルカ酸タイプに置き換わった 'J105' 個体が現れ、系統・品種とすることが出来る。では、選抜の際に、低エルカ酸タイプの *FAE1* 遺伝子を持つ個体をどのように見分けるのか？　筆者らは、エルカ酸の高い系統グループと低い系統グループが持つ *FAE1* 遺伝子の塩基配列の差異（DNA 多型）を DNA 分析で検出する技術を開発した。これにより、効率良く戻し交雑による低エルカ酸 'J105' の開発が出来ると期待された。開発した DNA 分析技術が実際に有効なのかを、著者らが所有する遺伝資源 34 系統に対して適用してみた。DNA 分析の結果から、高、中、低エルカ酸と予想されるグループに分類された。しかし、各グループから 1 系統ずつ種子中の脂肪酸を測定した結果、期待に反して、DNA 分析の結果と関連はなく、いずれの系統も高いエルカ酸含量が検出された（表 7-1）。つまり、報告された既存の *FAE1* 遺伝子のタイプを利用しても、エルカ酸含量の改良が難しいことを示唆している。

　それでは、'J105' 系統を低エルカ酸タイプにするには他にどのような方法があるだろうか。答えの一つに、正常な *FAE1* 酵素の働きを失わせる、つまり、*FAE1* 遺伝子に突然変異を誘発させる方法が考えられる。

表7-1 種子中の脂肪酸におけるエルカ酸含量分析結果

系統	エルカ酸含量（％）	遺伝子型からの予測
J105	46.4%	高（40％＜）
J107	45.5%	中（20〜30％）
J112	43.6%	低（＜2％）

図7-3 カラシナ突然変異集団の栽培から収穫
抽台開始（A）、交配作業（B）、未開花状態の蕾（C）、実った莢（D）、種子回収作業の様子（E）

そこで筆者らは、2014年春に'J105'の種子10,000粒に突然変異誘発剤EMS（ethylmethane sulfonate）を処理し、東北大学川渡フィールドセンターにて栽培を開始した。播種時期が遅かったこともあり、本来4月か

ら5月初旬に開花させるところが、6月中旬に開花がずれ込み、天候不順の中、研究室のメンバー総出で交配作業を行った（図7-3）。生育期間中、開花しない蕾を持つ個体も多く見られたが、8月に、約2,000個体に由来する種子を得ることができた。前年にも約2,000個体に由来する種子を得ることが出来たため、合計4,000個体に由来する種子を得たことになる。

　この後どのように*FAE1*遺伝子が機能を失った突然変異体が選抜出来るのだろうか？　一個体ずつエルカ酸を測定して、低エルカ酸個体を選抜し、*FAE1*遺伝子の塩基配列を調べるという方法がある。しかし、これでは分析に膨大な労力、時間、分析費用が必要である。そのため、播種後の幼苗の時期にDNA分析して、*FAE1*遺伝子の塩基配列に変異が起きた個体を選抜する、いわば「逆遺伝学的な方法」が有効である。このような分析では、近年TILLING法という分析効率の良い方法がよく利用されている。しかし、筆者らはさらに高効率な分析法の開発を現在進めており、近い将来、目的とするカラシナ突然変異体を獲得できることが期待される。

7-2　アビシニアガラシの可能性

　セイヨウナタネはカブが属する種とキャベツが属する種のゲノムを併せ持つ異質倍数体種で、カラシナはカブが属する種とクロガラシが属する種のゲノムを併せ持つ異質倍数体種である。この他に、クロガラシ種（*Brassica nigra*）のゲノムとキャベツ種のゲノムを持つ異質倍数体種「アビシニアガラシ」があり、種名は*Brassica carinata*である。これらの関係は'禹（う）の三角形'として知られている（図7-4）。「アビシニア」とはアラビア語が起源の言葉で、「エチオピア」を意味し、その名の通り、アフリカ地域で主に栽培されている油糧用の作物である。しかし近年、種子中のエルカ酸含量が高いことから、種子からとれる油は融点が低い特性を持ち、そのため、航空機用のバイオ燃料や潤滑油としての利用に目が向けられており、カナダではそのための品種特性、育種技術開

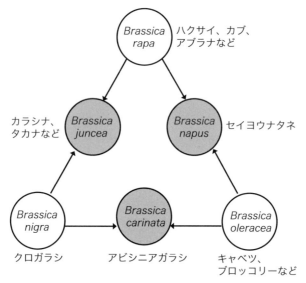

図7-4　類縁関係を示す禹の三角形

発、品種改良、カナダの風土に適した栽培法等の研究が盛んに行われるようになっている。

　筆者らの所有する遺伝資源にもアビシニアガラシが18系統保存されている。収集した地域はほとんどがエチオピアで、50年以上前に集められたものである。これらが日本国内でも栽培可能であれば、今後油糧用の新たな作物が加わることになる。そこで、これら東アフリカ地域が原産の系統が、日本の風土、特に東北地方に適するのか、つまり越冬栽培できるのかにポイントを絞り、野外栽培して成育調査をした。仙台市農業園芸センターの一画を借りて、2012年秋に各系統16個体ずつ播種し、2013年の春に生存している個体数や開花頃の様子を観察した。16個体全ての個体が越冬し、開花まで至ったものが3系統あった（表7-2）。80％から90％程度の生存率であったものが5系統であった。以上の8系統は仙台以南では栽培可能な系統であることが分かった。逆に生存率が5割を下回る系統が6系統もあった。これらは、仙台以北での栽

7. 圃場での栽培試験

表7-2 アビシニアガラシ系統の栽培試験・観察結果

系統番号	16苗中の生存数	花の色	茎葉の色	出身地
Ca101	10	極薄黄	緑	不明
Ca102	7	黄	緑	不明
Ca103	5	黄	緑	不明
Ca104	13	黄	緑	エチオピア
Ca105	16	黄	緑	エチオピア
Ca106	16	黄	緑	エチオピア
Ca107	11	黄	緑	エチオピア
Ca108	13	黄	緑	エチオピア
Ca109	12	黄	緑	エチオピア
Ca110	4	黄	緑	エチオピア
Ca111	14	黄	緑	エチオピア
Ca112	12	黄	緑	エチオピア
Ca113	5	極薄黄	緑	エチオピア
Ca114	7	黄	緑	エチオピア
Ca115	14	黄	緑	エチオピア
Ca116	14	黄	紫茎葉	エチオピア
Ca117	7	黄	緑	エチオピア
Ca118	16	黄	紫茎、緑葉	スペイン

培では、到底経済的に成り立たなことを意味している。

　16系統について、それらの越冬性だけでなく、形態的な特徴も観察した。栄養成長期の茎葉を観察すると、ほとんどの系統が緑色であったが、2系統で茎葉が紫色であったり、茎だけが紫色であったりと、ユニークな特徴を持っていることが分かった。セイヨウナタネが満開の時期の2013年4月25日から3週間ほど遅れてアビシニアガラシでは抽苔が始まり、5月中旬頃から一斉に開花が始まった。花の色はほとんどが黄色であったが、2系統は白色に近い極薄黄色であった。近年国内では、房総半島などの南の地域では3月下旬から、東北、北海道ではゴールデンウィーク頃から、各地で鮮やかな黄色の花が愛でられる、菜の花に関するイベントが開催されている。セイヨウナタネの白色は珍しく、

図7-5　セイヨウナタネとアビシニアガラシの花の色
（A）セイヨウナタネの白花
（B）セイヨウナタネの濃い黄色花の系統（左）と普通の黄色花の系統（右）
（C）アビシニアガラシの黄色花系統
（D）アビシニアガラシの極薄黄色花系統

筆者は先に紹介した中国の油糧作物研究所でしか見たことがない（図7-5）。また、華中農業大学では濃い黄色のセイヨウナタネ品種が育成されていた。油糧作物研究所の Wu Xiaoming 博士は、白色を含め黄色の濃淡を使いながら、田んぼアートならぬ菜の花アートをやって話題になっている。これに倣って、アビシニアガラシを使って菜の花アートの景観を作ることができるであろう。特に、東日本大震災で被災した地域に人を呼び込み、地域の活気を取り戻すきっかけになるのではと、筆者は考えているところである。

7．圃場での栽培試験

参考文献

1）阿部美幸、伊藤豊彰、大串由紀江、大村道明、北柴大泰、齋藤雅典、中井裕、南条正己、西尾剛　菜の花サイエンス―津波塩害農地の復興―東北大学出版会　（2014）

2）Gupta V, Mukhopadhyay A, Arumugam N, Sodhi YS, Pental D, Pradhan AK. （2004）Molecular tagging of erucic acid trait in oilseed mustard（*Brassica juncea*）by QTL mapping and single nucleotide polymorphisms in *FAE1* gene. Theoretical Applied Genetics 108：743-749

8. 雨水による除塩と菜の花栽培

（南條 正巳）

8-1 はじめに

　宮城県沿岸部の中～南部は低地であり、かんがい水を使うためには排水機の稼働が必要であった。しかし、2011年3月の大津波で排水機場が破壊され、除塩でかんがい水を使うためには排水機の稼働を待つ必要があった。その一方、過去の高潮被害からの農地復旧には降雨による除塩も有効であること、そのためには良好な排水が重要であることが知られていた（兼子、2003）[1]。報道によれば、2011年春の段階から耕起し、雨を待つ農業者があった。このような状況下、沙漠で塩類集積土壌の改良に経験の深い杉本英夫氏から雨水による除塩試験の提案を受けた。そこで、宮城県南部の岩沼市の津波に被災した農業者平塚静隆氏の協力を得て、本格的な除塩が始まる前の2011年11月にまだ農地表面に塩類の析出している水田を調査し、雨水による除塩の共同研究を行った（平塚、2013）[2]。本稿は既報（南條ら、2013）[3] の一部に加筆したものである。

8-2 岩沼市内陸側津波被災地の状況

　岩沼市は阿武隈川河口部の北岸に接する位置にある。同市においても沿岸部から東部高速道路周辺まで津波被災農地が分布する。同高速道路に近い農家屋敷林の杉は2011年9月26日には枯れ始めていたが、同年11月6日にはほぼ全体が枯れ、この後切り倒された。これらの杉には塩分の影響がやや遅れて発現したと見られる。その一方、その隣の畑地では2011年9月26日までに、作土のEC（1:5）が約0.2dS m^{-1}以下と降雨による自然の除塩が進み、菜種栽培が可能になった（図8-1）。この畑地は約数10cm低い水田と隣接しており、梅雨期などの雨でこの時点までに自然の除塩が進んだものと推察された。

8-3 沿岸側グライ低地土水田の試験地の状況

同岩沼市の沿岸部の水田では 2012 年度後半から除塩が始まり、その年は稲作が行われなかった。その地域のグライ低地土水田を借用し、津波被災水田において自然降雨による除塩の試験を行った。この水田では 2011 年 11 月 16 日においてもその中央付近では図 8-2 左のように塩分が析出していた。同日採取した土の EC（1:5）値の垂直分布は図 8-4 のように場所による変動はあるが、まだ高い値

図 8-1 岩沼市の内陸側津波被災地の状況。ほぼ順調に生育する菜種（2011 年 11 月 16 日）

であった。その脇の排水路は津波被災後一旦掃除されたように見られたが、同日には図 8-2 右のように泥で満たされつつあり、除塩を遅らせたと推測される。

図 8-2 左の土壌断面は図 8-5 右のようであった。この水田は津波被災時にまだ耕起されておらず、稲株は立っていた。その作土の上の 7cm は津波堆積物だが、海側に隣接して数 10cm 高い畑があり、その表土が流入して堆積した可能性がある。その下の作土は酸化され褐色であり、斑鉄が多かったが、鍬床は斑紋に富むものの青灰色で還元状態と見られ、排水不良である。しかし、鍬床層の過酸化水素処理後の pH は 4 台と極端に低くはなく、酸化されても強酸性化の問題は少ないと見られた。

図 8-2 沿岸部側グライ低地土水田表面（左）と排水路（右）

8. 雨水による除塩と菜の花栽培

　図 8-2 左の作土の表面に析出した塩類を実体顕微鏡で検鏡（図 8-3 左上）すると無色微細結晶の集合体であった。その一部を剥ぎ取り、X 線回折で調べると、土に含まれていた石英などの他に塩化ナトリウムと石こう（CaSO$_4$・2H$_2$O）が認められた（図 8-3 右上）。析出物の表面には柱状の石こうが多く（図 8-3 左下）、塩化ナトリウムは少なかった。表面の結晶の元素組成はエネルギー分散型 X 線分析により S、Ca、O から成り石こうであることを確認した（図 8-3 右下）。このように土の表面に析出した塩分に石こうが含まれることは当試験地の他にも広く認められた。

8-4　沿岸側グライ低地土水田の降雨による除塩事例

　2012 年 4 月に当試験水田の周囲にトラクターで排水溝を巡らせ、耕

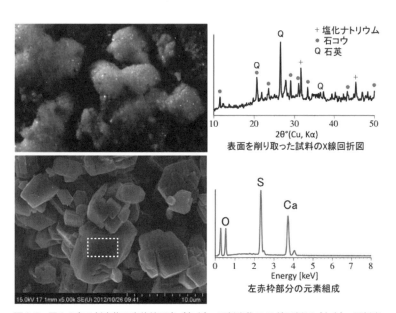

図 8-3　図 8-2 左の析出物の実体鏡写真（左上）、同析出物の X 線回折図（右上）、同析出物表面の走査電顕像（左下）、その選択領域（左下白点線内）のエネルギー分散型 X 線分析（右下）。

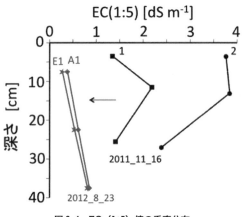

図8-4 EC (1:5) 値の垂直分布

起し、降雨による除塩を実施した。4カ月後にはEC (1:5) 値は図8-4のように少なくとも作土では充分に低下した。この段階では大部分の石こうも作土から溶出したと見られた。土壌断面も図8-5左のように作土の砕土状態が維持され、深さ約20cmまで酸化的な土色になった。従って、2011年11月16日（図8-4）まで作土のEC (1:5) 値が高かったのは排水不良のためと見られる。除塩後の土壌pHの上昇がしばしば指摘されたが、この圃場の除塩後の風乾細土のpH (H$_2$O) は5〜6と通常の水田と同様であった。

しかし、深さ約30cm付近以下には、斑紋が入っているがまだ青灰色が残り（図8-5左）、EC (1:5) 値もやや高い（図8-4）。これは周囲に巡らせた排水溝の深さとの関係による。本

図8-5 上記除塩後（左）と除塩前（右）の土壌断面写真

来、この地域の地下水位が高いため、周囲に巡らせた排水溝をさらに深くしなければ、この層まで侵入した塩分は上の層に比べて動きにくいようである。

この試験水田には2012年秋に菜種を蒔き、

図8-6 明きょ―耕起―降雨による除塩後の菜種の出芽（左）、試験地に掘った明きょ（中央）、隣接排水路（右）の状況

順調に出芽した（図8-6左）。周囲に巡らせた排水溝は図8-6中央のように機能しており、溝の肩が崩れないことが重要であると作業を担当した平塚氏は語った。試験開始前年に泥で満たされていた排水路（図8-2右）も再び清掃され、その底には鉄の沈殿が認められた（図8-6右）。これは周囲の水田下層の鉄が還元状態にあり、それが排水路に浸みだして酸化され、沈殿したものと考えられる。

8-5 おわりに

雨水はCa塩などの含量が低く、雨水による除塩は河川水を使う除塩に比べて交換性Na^+の減少が遅れるかもしれない（今関、2012）[4]。しかしながら、土壌の透水性がある程度あり、排水路が機能すれば自然の雨による除塩が可能である。交換性Na^+の増加は少なくとも仙台平野では電荷分率で平均0.18、最大0.44に留まった。水田ではかんがい水による交換性Na^+の低下も期待できる。一方、畑作ではCa不足につながり、作物によってはCa資材の補給を要することも考えられる。今回の津波被災地における除塩経過の記録から、雨水による自然の除塩の進行状況が広い範囲で確認されるなら、その情報は今後の高潮等海水流入後の除塩に役立つと考えられる。

謝辞：当共同研究に多大なご協力を頂いた株式会社大林組技術研究所杉

本英夫氏、農業者平塚静隆氏に厚く謝意を表する。

参考文献

1) 兼子健男. 2003. 水田における台風高潮塩害災害の除塩技術、水と土、133：48-53.

2) 平塚静隆. 2013. 土壌修復と菜の花プロジェクト―「津波塩害農地の除塩および土壌修復技術に関する研究」に参加して―、沙漠研究、22：487-501.

3) 南條正巳・新井大介・菅野均志・杉本英夫・三好悟・高橋正. 2013. 農地土壌の津波被災とその修復および岩沼市における試験事例、沙漠研究、22：489-492.

4) 今関美菜子. 2012. 亘理地域における津波被災ほ場の定点継続調査結果、農業の早期復興に向けた試験研究成果報告会～宮城県試験研究機関・東北大学大学院農学研究科連携プロジェクト～、資料、2012 年 2 月 22 日

9. 野外での他の作物との交雑の可能性

（西尾　剛）

　セイヨウナタネは、昭和30年には国内で26万ha程度栽培されていたが、農産物自由化の影響により300分の1以下の800ha程度に激減した。その後わずかに増加して、平成26年度では1,470haとなっており、北海道と東北地方での生産が多い。現在日本で販売されているサラダ油や天ぷら油の大部分はナタネ油であるが、食用油を搾るために輸入されるナタネの種子は、90％以上がカナダからのセイヨウナタネで、その大部分が除草剤耐性遺伝子を持つ遺伝子組換え品種である。種子の輸送中の落ちこぼれにより、遺伝子組換えセイヨウナタネの自生が日本の各地で見られる（Katsutaら、2015）[1]。これが雑草化しているカラシナなどと交雑して、組換え遺伝子が拡散することが懸念されている（Tsudaら、2011）[2]。

　東北大学菜の花プロジェクトが活発に行われた影響もあるかもしれないが、日本各地で菜の花プロジェクトが実施されている。これまでセイヨウナタネが栽培されていなかった地域での栽培により、カブなどの地方品種と交雑する可能性が懸念されるようになった。カブやツケナ（コマツナやミズナ、野沢菜など各地の菜類）の地方品種は古くから日本各地にあり、セイヨウナタネは昭和の前半までは各地で広く栽培されていたが、セイヨウナタネの栽培がカブやツケナの地方品種の維持に悪影響を及ぼして品種の劣化をもたらしたということは知られていない。カブやツケナ、ハクサイは *Brassica rapa* 種に属し、交雑の不安が高いのは、同種内の異なる作物間である。セイヨウナタネは別種の *Brassica napus* であり、*B. rapa* と *B. napus* の間での雑種形成率は *B. rapa* 種内の異品種間の交雑に比べかなり低い。また、*B. rapa* と *B. napus* の間の雑種は、カブやツケナとは形態的に区別しやすいため、幼苗の段階でも除去しや

すい。カブやツケナは、品種特性が最もよく表れる収穫期にはまだ花が咲いていないので、本来の品種特性を示すもののみを残して異なる特性のものを除くという採種の場面で一般的に行う作業により、異品種との交雑による品種劣化は回避できる。また、*B. rapa* と *B. napus* の間の雑種は生殖能力のある花粉や胚のうがほとんど出来ない不稔性であるため、たとえ雑種が出来ても、それが品種劣化をもたらす危険性は低い。セイヨウナタネとの交雑が危険視されるのは、セイヨウナタネに遺伝子組換え品種が多いことと関連があるのかもしれない。菜の花プロジェクトで用いられるセイヨウナタネ品種は、遺伝子組換え品種ではなく、「キザキノナタネ」や「キラリボシ」などの日本で通常の交雑育種により育成された品種である。

　セイヨウナタネの非遺伝子組換え品種を遺伝子組換えセイヨウナタネが生えている地域で栽培すると、同種内の品種間交雑が起こり、遺伝子組換えで導入された遺伝子がセイヨウナタネの非遺伝子組換え品種の種子に入り込む可能性は高い。組換え遺伝子がセイヨウナタネの非遺伝子組換え品種に入ることによって、非遺伝子組換えセイヨウナタネ品種が組換え遺伝子の拡散源となる可能性はある。遺伝子組換えセイヨウナタネが各地で雑草化している今、非遺伝子組換えセイヨウナタネ品種の採種には注意を払う必要がある。現在、遺伝子組換えセイヨウナタネが自生しているのは、茨城県、千葉県、神奈川県、静岡県、愛知県、三重県、兵庫県、岡山県、及び福岡県の遺伝子組換えセイヨウナタネの輸入港と搾油工場を結ぶ道路沿いとその近くの河川なので（Katsuta ら、2015）[1]、その地域で非遺伝子組換えセイヨウナタネ品種の採種は避けるか、近くに遺伝子組換えセイヨウナタネが自生していないことを確認する必要がある。ここで言う「近く」とは、国で出している遺伝子組換え作物栽培実験指針では、遺伝子組換えセイヨウナタネを栽培するときは非遺伝子組換え品種とは 600 m 以上離すように指導しており、いくつかの県で出している指針やガイドラインでも多くは国の指針に従っているので、600 m と考えるのが妥当であろう。この距離は、ほとんど交雑

が起こらないという距離であって、0%になるという意味ではない。そのため、より交雑の可能性を低くするため、2倍の隔離距離を求めている県もある。採種の場合は、更に厳密な隔離ができた方がよい。セイヨウナタネの花粉はミツバチなどの昆虫によって運ばれるが、昆虫の行動を制御できないため、0%にはなりえない。イネやトウモロコシなど風で花粉が運ばれる植物よりも、花粉飛散距離の推定が難しい。北海道や東北では、遺伝子組換えセイヨウナタネ品種の自生はないので、まだ今のところ採種に際しての問題はない。今後、自生している遺伝子組換えセイヨウナタネがどのように広がっていくか、注意を払う必要がある。

 B. rapa は10本の染色体からなるAゲノムを持つ。二倍体なので体細胞が20本の染色体（$2n=20$）を持ち、同じ個体の花粉がめしべについても種子ができず、別の個体の花粉によって種子ができる自家不和合性という性質を持つ。セイヨウナタネ（B. napus）は、10本の染色体からなるAゲノムと9本の染色体からなるCゲノムを合わせて持つACゲノム種である（$2n=38$）（図9-1）。

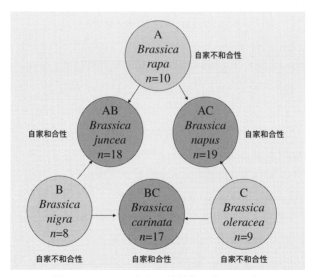

図9-1　セイヨウナタネと近縁植物のゲノムの関係

セイヨウナタネは自家不和合性を持たず、自分の花粉で種子ができるので、種子が効率よくできて種子の収量が高い。江戸時代まではナタネは *B. rapa* であったが、明治以後セイヨウナタネに置き換わった。C ゲノムの種は、キャベツやブロッコリー、カリフラワー、ハボタンを含む種である *Brassica oleracea*（$2n = 18$）である。*B. oleracea* は自家不和合性を持つ。*B. napus* は自然の交雑で生じた種であるが、人為的に *B. rapa* と *B. oleracea* を交雑して、*B. napus* と同じ染色体構成を持つ植物を作ることが出来、そのような植物は合成ナプスと呼ばれる。*B. rapa* と *B. napus* の間では、どちらを母親とするかによって異なるが、異種間の交雑としては比較的よく雑種が出来る。一方、C ゲノムの種である *B. oleracea* とセイヨウナタネの雑種は、人為的に交配しても出来にくい。*B. rapa* と *B. oleracea* とは、共に *B. napus* の両親となった種であるにもかかわらず、それぞれと *B. napus* との雑種形成率が大きく異なる原因は不明である。

　Brassica 属内の異なる種の間での雑種（種間雑種）作成の研究は、これまで多数なされてきた。その多くは、染色体の相同性を研究するためであったり（Mizushima、1980）[3]、合成種を新作物とするためや他種の遺伝子を育種に利用するための雑種作成（Namai ら、1980）[4] であったりと、雑種を作成することに目的があり、雑種種子形成率が低いこともあって、雑種種子形成率を量的に比較した研究は少ない。

　雑種を作出するためには、開花した花ではなく、蕾の雌しべに授粉する。これは、開花した花の雌しべは、異種の花粉の発芽や花粉管伸張を阻害する種間不和合性という特性を持つが、蕾のときにはその特性が未発達なため、異種の花粉管の侵入を許し、受精するためである。種間不和合性の強さは、種間交雑の相手となる種によって異なるとともに、雌しべ側の品種によっても異なる。*B. rapa* の中で、*B. oleracea* の花粉を用いた交雑において種間不和合性が強い品種と弱い品種があり、その差の原因となる遺伝子が第 2 染色体にあることを見出した（Udagawa ら、2010）[5]。その後、その遺伝子を含む染色体の領域を絞り込んだが、原因

9. 野外での他の作物との交雑の可能性

遺伝子を推定できるまでには至っていない。海外でも類似の研究はないため、種間不和合性に関わる遺伝子は、まだ見出されていない。種間不和合性の強さには種内での差が大きいため、自然に異種間での受粉が起こった場合、異種花粉の何割が受精できるのかの推定は難しい。自然状態では、同種花粉の受粉も同時に起こっているはずであり、花粉同士の競合もあるため、更に予測が困難となる。

異種間の交雑では、種間不和合性を克服して花粉管が子房まで到達しても、花粉管が胚のうに誘引されず、受精できないこともある。胚のうから花粉管を誘引するタンパク質が分泌されており、それに引かれて花粉管が胚のう中の助細胞に侵入し、受精するが、種が違うとタンパク質が異なるため誘引されず、受精できない（Takeuchi・Higashiyama、2016)[6]。Brassica 属内や比較的近縁なダイコンを含む Raphanus 属などとの交雑では、花粉管が柱頭に侵入すれば、受精までは正常に進むことが多い。しかし、異種間で受精しても、雑種種子が正常に発達しないことが多い。

受精しても雑種種子ができないのは、種間雑種の胚が正常に発達せず、小さな段階で死んでしまうためであり、これは雑種胚崩壊と呼ばれる。交雑する種の組合せによって、雑種胚崩壊の程度が大きく異なり、同じ組合せであっても、どちらを母親とするかによって異なる。種間交雑における雑種胚崩壊は、どんな植物でも一般的に見られる現象であるが、雑種胚崩壊の機構はよく分かっていない。胚と胚乳の関係が不適切であれば起こるとも考えられている。種間交雑では、ほとんどの種の組合せで雑種胚崩壊が起こるので、雑種を人為的に効率よく作出するため、胚培養や子房培養という雑種胚の成長を無菌状態で助ける方法がよく使われる。

ダイコン（Raphanus sativus）は、セイヨウナタネや、カブ、カラシナなどとは異なる Raphanus 属に属するが、胚培養などの培養法を用いなくとも B. oleracea や B. rapa と低率ながら雑種を形成することが古くから知られていた（Karpechenko、1924[7]；Namai ら、1980)[4]。ダイコン

を父親とした属間交雑において、蕾に受粉をした時の雑種形成率は、母親として用いる *B. rapa* の品種によって異なる。「聖護院カブ」では雑種種子が出来やすく、ハクサイ「チーフ」では出来にくい。筆者らは、宇都宮大学との共同研究で、ダイコンとの雑種形成率に関わる *B. rapa* の遺伝子の研究を行った。第1染色体と第10染色体に作用力の大きい量的遺伝子座を見出し、その位置にある雑種形成に関わると考えられる遺伝子を推定した（Tonosaki ら、2013）[8]。第10染色体の遺伝子座が「聖護院カブ」型で、第1染色体の遺伝子座が「チーフ」型であれば、最もよく雑種種子が出来ることが分かった。この研究において、第10染色体の遺伝子座が「聖護院カブ」型で、第1染色体の遺伝子座が「チーフ」型の品種がハクサイにあることを見出し、「聖護院カブ」よりもよく雑種種子が出来ることを確認した。

興味深いことに、ダイコンとの間で雑種種子が出来やすい遺伝子型のハクサイ品種を母親とすると、セイヨウナタネを交配した時にも、他の品種より10倍程度多くの雑種種子ができることを見出した。このことから、ダイコンとの雑種形成率に関わる第1染色体と第10染色体の遺伝子座が、セイヨウナタネとの雑種形成率にも関わっている可能性が示唆される。十分な数の反復試験が出来ておらず、同じ遺伝子型の他の品種を用いた交雑試験もないため、残念ながら、論文として発表するには至っていない。しかし、*B. rapa* の品種によって、セイヨウナタネとの雑種形成率に大きな差があることは明らかである。

遺伝子組換えセイヨウナタネと自生している *B. rapa* との交雑率を明らかにするため、2種類を混植して *B. rapa* から採った種子における雑種の率が調査された。しかし、2つの異なる研究グループの結果が大きく異なった。Bing ら（1996）[9]は、得られた種子中の種間雑種種子が1%程度であったと報告しているが、Warwick ら（2003）[10]は、約7%が種間雑種種子であったとしている。これらはいずれも、研究の規模から見て、十分に信頼性の高い結果であると考えられる。この違いの原因は、恐らく用いた *B. rapa* の系統の遺伝的な差によるのではないかと考えら

9. 野外での他の作物との交雑の可能性

れる。これらの系統が第1染色体と第10染色体の遺伝子座でどういう遺伝子型を持っていたかが興味深い。

セイヨウナタネはカラシナともよく交雑する。カラシナは Brassica juncea という種で、B. rapa と同じA

図 9-2　中国でも雑草化しているカラシナ（武漢市）

ゲノムと、Brassica nigra という種が持つ8本の染色体のBゲノムを併せ持つ種である。B. nigra は自家不和合性であるが、B. juncea は自家不和合性を持たず、自家和合性である。B. juncea は、河川や道路脇などで雑草化していて、日本中に広がっている。セイヨウナタネや B. rapa が雑草化しているところは少ない。B. juncea の雑草化は中国でも見られ、セイヨウナタネの栽培ほ場の隙間の道に生えていたのは全て B. juncea であった（図9-2）。

高温や乾燥が激しいインドでは、セイヨウナタネではなくカラシナが食用油の生産用に栽培されている。B. juncea の方が雑草としての適応力が強いと考えられる。遺伝子組換えセイヨウナタネの組換え遺伝子が雑草化している B. juncea に広がる可能性があるため、セイヨウナタネを父親としたカラシナとの人為交雑による調査がなされた（Tsuda ら、2011）[2]。約600花交雑し、一莢あたり平均4.5個の種子が入り、その約3分の2が雑種であることが確認された。つまり、人為的に交配すれば一莢あたり3粒ほどの雑種種子が得られる。このことは、遺伝子組換えセイヨウナタネと B. juncea が近くにあれば、交雑によって組換え遺伝子が B. juncea 内で広がる可能性が高いことを示している。しかし、セイヨウナタネと B. juncea の雑種も不稔性であることから、組換え遺伝子が B. juncea 内で広がっていかないのかもしれない。ただ、不稔性であっても、全く花粉ができない訳ではないので、非常に低い確率で B.

juncea 内に残る可能性はある。これまでの調査では、組換え遺伝子が雑草化している *B. juncea* では検出されていない（Katsuta ら、2015）[1]。

　日本の海岸には、各地でハマダイコンが見られる。これは、ダイコンと同種（*Raphanus sativus var. raphanistroides*）であり、根が太らないものとわずかに太るものがある。栽培されていたダイコンが雑草化したものか、海を渡って日本の海岸にたどり着いた野生植物か論議のあるところであるが、DNA 分析の結果など、海を渡ってきたことを裏付ける証拠が多い（山岸、2001）[1]。ダイコンの莢は水に浮くので、日本国内でも海水に浮いて広がっていると考えられている。ハマダイコンに遺伝子組換えセイヨウナタネの花粉がかかって組換え遺伝子が広がる可能性もある。セイヨウナタネを父親としたダイコンとの交雑試験は十分になされていないので、雑種形成の予測は困難である。しかし、雑種はやはり不稔なので、組換え遺伝子が集団中に残る可能性は低い。

　B. rapa やカラシナ、ハマダイコンの中に組換え遺伝子が低頻度で入った場合、それが集団中で広がっていくか、そのまま維持されるか、あるいは無くなってしまうかは、その遺伝子の機能によって異なる。選択的に有利に働く遺伝子の場合は、集団中で広がっていくが、不利な場合は無くなってしまう。日本に輸入されている遺伝子組換えセイヨウナタネに入れられている遺伝子は、除草剤抵抗性遺伝子と、雄性不稔性遺伝子である。除草剤抵抗性は、人間がその除草剤を散布する条件においてのみ有利に働くが、自然環境では有利な特性ではないので、除草剤抵抗性遺伝子が集団で広がっていくとは考えられない。もし、*B. rapa* やカラシナ、ハマダイコンの除草剤抵抗性遺伝子が自生植物に入れば、そのままの頻度で維持されると考えられる。組換え遺伝子を持つ個体の率が低ければ、偶然に無くなってしまうことも起こる。雄性不稔性遺伝子は、不利に働く可能性が高い。カラシナのように自家不和合性を持たない種では、雄性不稔性遺伝子を持つことによって他殖が促進され、有利になる可能性も否定できない。今後、耐虫性や耐病性、耐乾性、耐塩性などの遺伝子が導入された遺伝子組換えセイヨウナタネが作出されると予想

9. 野外での他の作物との交雑の可能性

される。これらの遺伝子は選択的に有利に働くので、このような遺伝子組換えセイヨウナタネの輸入を行う場合は、拡散防止のための厳密な措置が必要となる。

ここでは、菜の花プロジェクトで栽培するセイヨウナタネとカブなどの地方品種との交雑の問題について述べるのが主目的であったが、遺伝子組換えセイヨウナタネとの交雑の問題を取り上げた部分が多かった。これまで述べたように、菜の花プロジェクトで栽培する一般のセイヨウナタネ品種と地方品種との交雑は、あまり大きな問題とは考えられず、セイヨウナタネは古くから栽培されているので、新しい問題でもない。むしろ、遺伝子組換えセイヨウナタネと一般のセイヨウナタネ品種やカブなど *B. rapa* の地方品種、カラシナやハマダイコンとの交雑が大きな問題である。日本に輸入され、一般ほ場での栽培も認められている遺伝子組換え作物は、他にトウモロコシ、ダイズ、ワタ、テンサイなどがあるが、遺伝子組換え作物のうち、国内で雑草化しているのはセイヨウナタネだけである。他種との交雑の可能性については今後も研究が必要で、種間不和合性や雑種種子形成能に関わる遺伝子を同定してその遺伝子型の影響を明確にするとともに、フィールドでのより大規模で慎重な調査がなされることが期待される。

参考文献

1）Katsuta K, Matsuo K, Yoshimura Y, Osawa R（2015）Long-term monitoring of feral genetically modified herbicide-tolerant *Brassica napus* populations around unloading Japanese ports. Breed Sci 65：265–275

2）Tsuda M, Konagaya K, Okuzaki A, Kaneko Y, Tabei Y（2011）Occurrence of metaxenia and false hybrids in *Brassica juncea* L. cv. Kikarashina × *B. napus*. Breed Sci 61：358–365

3）Mizushima U（1980）Genome analysis in Brassica and allied genera. In "Brassica Crips and Wild Allies" Ed. Tsunoda et al. Japan Sci Soc Press, Tokyo pp 89–106

4) Namai H, Sarashima M, Hosoda T (1980) Interspecific and intergeneric hybridization breeding in Japan. . In "Brassica Crips and Wild Allies" Ed. Tsunoda et al. Japan Sci Soc Press, Tokyo pp 191-203

5) Udagawa H, Ishimaru Y, Li F, Sato Y, Kitashiba H, Nishio T (2010) Genetic analysis of interspecific incompatibility in *Brassica rapa*. Theor. Appl. Genet. 121 : 689-696

6) Takeuchi H, Higashiyama T (2016) Tip-localized receptors control pollen tube growth and LURE sensing in *Arabidopsis*. Nature 531 : 245-248

7) Karpechenko (1924) Hybrids of ♀*Raphanus sativus* L. ×♂*Brassica oleracea* L. J Genet 14 : 375-396

8) Tonosaki K, Michiba K, Bang SW, Kitashiba H, Kaneko Y, Nishio T (2013) Genetic analysis of hybrid seed formation ability of *Brassica rapa* in intergeneric crossings with *Raphanus sativus*. Theor Appl Genet 126 : 837-846

9) Bing DJ, Downey RK, Rakow GF (1996) Hybridizations among *Brassica napus, B. rapa* and *B. juncea* and their two weedy relatives *B. nigra* and *Sinapis arvensis* under open pollination conditions in the field. Plant Breed 115 : 470-473

10) Warwick, SI, Simard M-J, Legera A, Beckie HJ, Braun L, Zhu B, Mason P, Seguin-Swartz G, Stewart CN (2003) Hybridization between transgenic *Brassica napus* L. and its wild relatives: *Brassica rapa* L., *Raphanus raphanistrum* L., *Sinapis arvensis* L., and *Erucastrum gallicum* (Willd.) O.E. Schulz. Theor Apple Genet 107 : 528-539

11) 山岸　博（2001）細胞質雄性不稔遺伝子から見たハマダイコンと栽培ダイコンの関係　"栽培植物の自然史"　山口裕文・島本義也　編　北海道大学図書刊行会 pp 96-107

10. 土壌汚染放射性セシウムの ナタネへの移行

(金山 喜則、大村 道明)

　福島第一原子力発電所における事故は、2011年3月11日の東日本大震災という巨大な地震と、それにより東日本の海岸地帯を襲った津波によって発生した。この事故によって放出された放射性物質は、東日本の広い地域に拡散することとなった。事故によって放出された放射性物質の中で、半減期の短いヨウ素などの核種は事故後、比較的早期に減衰したが、セシウム134や137のように半減期の長い核種の影響は長期にわたることとなった。その影響の1つに植物への吸収があげられる。

　福島第一原子力発電所の事故による汚染地域に関する研究としては、環境汚染の状況をモニターすることを主な目的とした自生植物の調査の例がある。すなわち自生の草本植物や樹木、さらにはタケノコなどに関する報告である。一方、事故後に汚染地域で作物を実際に栽培した例としてはイネの研究が多く、移行係数の算出に関するもののほかに、放射性セシウムの吸収抑制を目的としたカリウムやゼオライトの土壌への処理に関するものや放射性セシウムの吸収や転流に関するものなどがみられる。

　イネ以外の作物、すなわち野菜や油料作物に関する研究については、人為的に調製した汚染土を用いたモデル実験は比較的豊富であるが、汚染地域で実際に栽培を行った研究例は比較的少ない。その中には、チェルノブイリ原子力発電所事故や核実験に由来する放射性物質による数種野菜の汚染に関する研究がみられるが、最近になって、福島第一原子力発電所の事故による汚染地域で栽培された葉菜類の報告がいくつかみられるようになってきた。これらの研究においては、様々な種や品種において、主に収穫物中の放射性セシウム濃度と移行係数を測定しているが、土壌の汚染状態と作物の放射性セシウムとの関係についての詳細な

137

解析は必ずしも十分ではない。

　放射性物質による汚染地域では、産業的価値があり、ファイトレメディエーションの可能性を有する作物の利用や、非常時であるため粗放的栽培が可能な作物の栽培が期待される。菜の花は、花は観賞用および野菜、種子は加工用として産業的に利用可能である上、粗放的栽培が可能である。また、比較的放射性セシウムの移行係数が高く、ファイトレメディエーションの可能性が示唆されているアブラナ科に属している。また、菜の花は重要な野菜を多く含むアブラナ科に属しているため、研究データは他のアブラナ科作物の参考にもなる。以上のように、菜の花を汚染地域で栽培し、放射性セシウムの動態に関するデータを得ることは有意義である。

　本稿では、福島第一原子力発電所における事故の翌年から汚染度の異なる地域で菜の花を粗放的に栽培するとともに、土壌および植物体における放射性セシウムの測定を行った結果を中心に、土壌から菜の花への放射性セシウムの移行についての一例を解説する（図10-1）。

　事故当年は、フォールアウトによる直接的な植物体への吸収と土壌からの吸収の両方があるが、事故の翌年であれば土壌からの吸収に絞って検討できる。

　汚染土壌においては、水に容易に溶け出す水溶性と土壌に弱く結合している交換性の放射性セシウムが、植物に利用可能な形態である。さらに、強く土壌に結合して植物に利用されにくい形態でも存在する（固定性）。事故から1年半以上経過した時点においては、放射性セシウムは水溶性としては検出されず、交換性および固定性として残っている。最も

図10-1　菜の花の栽培と調査

10. 土壌汚染放射性セシウムのナタネへの移行

多いのは土壌に強く結合した固定性の放射性セシウムで、一例では、全放射性セシウムの9割近くを占めており、植物にほぼ利用されない状態となっている。

　放射性セシウムの分布としては、土壌の表層にある作土層に主に存在し、それより深い層にはほとんど浸透しないようである。このように表層あるいは表層付近に多くの放射性セシウムが存在することは、種々の汚染土壌で報告されている通りである。各層においては、固定された放射性セシウムと交換性の放射性セシウムの割合は類似の値を示す。固定された放射性セシウムと交換性放射性セシウムの割合が不安定な場合、例えば汚染初期など水溶性や交換性の割合が高い場合は、全放射性セシウムを用いて算出された移行係数は安定しない可能性が高い。実際、Paasikallio ら（1994）[1] によると汚染の最初の年は土壌によって移行係数が有意に異なったが、その後数年は土壌による差は認められなくなるとのことである。すなわち、移行係数は土壌中の放射性セシウム（すべての形態を含む全放射性セシウム）に対する収穫物中の放射性セシウムの割合であり、土壌中の放射性セシウムで最も主要な固定された放射性セシウムは作物に吸収され難いことから、固定された放射性セシウムと水溶性および交換性の放射性セシウムとの割合が安定した状態で移行係数を算出する必要がある。汚染から1年半程度経過した段階では、交換性と固定性に高い相関があったので、土壌の放射性セシウム全体の値を利用して信頼性の高い移行係数を算出することができる。

　アブラナ科は多くの主要園芸作物を含んでおり、ダイコンでは根、キャベツでは葉、そして菜の花では花穂が食用として利用され、菜種油として成熟種子も利用される。放射性セシウムの移行に関するほとんどの知見は作物の移行係数に関するものが多く、収穫期に収穫物の放射性セシウムを調べているが、発育に伴う変化や各器官の放射性セシウムを測定してその動態を示すようなデータは少ない。菜の花以外の作物では、放射性セシウムの器官間の差について、イネでは根で茎葉に比べて高いという報告や（Endo ら、2013）[2]、逆にニンジンでは根より葉で高

い、あるいは他の野菜では器官間の差が小さいとの報告もある（Nisbet・Shaw、1994）[3]。菜の花のデータの一例では、茎葉と根の間に放射性セシウムレベルの差はないようである。放射性元素の器官差を考える場合、非放射性元素の器官差について数種園芸作物を用いたイオノーム解析の例があり、参考になる（Shibuyaら、2015）[4]。放射性元素として拡散初期に問題となるストロンチウムはカルシウムと同様に難移動性で器官差が大きいが、セシウムはカリウムのように易移動性で器官差が小さいとされている。しかし、同報告では、カリウムはいずれの種でも器官間の差が小さいが、セシウムは種や品種によって体内分布が異なるとしている。従って、種による放射性セシウムの器官間の差は生じ得ると思われる。

　土壌の各層の放射性セシウムレベルと植物体への移行に関しては、根や茎葉の放射性セシウムと作土層の放射性セシウムとの相関が高いが、その下の層との相関は低い。また、栄養器官同士である根と茎葉の間の相関は高いが、花穂に対しては低くなるようである。このことは、一度、根や葉に吸収された放射性セシウムが花穂に移動したことによる影響であると予想される。実際、作土層の放射性セシウムが根や茎葉に対して高い相関を示すのに対して、花穂に対しての相関はやや低い。

　アブラナ科には高い移行係数をもつ種が存在することから、ファイトレメディエーションによる放射性セシウム除去に対する期待がある。最近、福島第一原子力発電所の事故後の汚染土壌における菜の花の移行係数が、植物体の乾燥重を用いて0.02程度と報告されている（Djedidiら、2016）[5]。収穫物の新鮮重を用いると移行係数は一桁小さくなり、実際、本プロジェクトで得られている値も同程度である。菜種の収穫量は1.3t / ha程度（平成11年、農林水産省統計部）であり、このような移行係数を利用して計算すると、実際には、ファイトレメディエーションによる除染は難しいといえる。

　菜の花のオイルへの非移行についてはいくつかの実施例があり、実際東北大学菜の花プロジェクトでも汚染土壌で栽培した菜の花から収穫し

10．土壌汚染放射性セシウムのナタネへの移行

た菜種を利用して搾油を行ったところ、放射性セシウムは検出されず、油の利用の可能性が実証されている。汚染が広範囲にわたる場合すべての土地で即座に十分な除染を行うことは現実的には難しいため、比較的低レベルの汚染地域での農地の維持や産業復興のための菜の花の粗放的な栽培は有効な選択肢の１つである。

参考文献

1）Paasikallio, A., Rantavaara, A., Sippola, J., The transfer of cesium-137 and strontium-90 from soil to food crops after the Chernobyl accident. Science of the Total Environment 155：109-124（1994）.

2）Endo, S., Kajimoto, T., Shizuma, K., Paddy-field contamination with [134]Cs and ^{137}Cs due to Fukushima Dai-ichi Nuclear Power Plant accident and soil-to-rice transfer coefficients. Journal of Environmental Radioactivity 116：59-64（2013）.

3）Nisbet, A. F., Shaw, S., Summary of a five-year lysimeter study on the time dependent transfer of ^{137}Cs, ^{90}Sr, [239,240]Pu and [241]Am to crops from three contrasting soil types. 2 Distribution between different plant parts. J. Environ. Radioactivity 23, 171-187（1994）.

4）Shibuya, T., Watanabe, T., Ikeda, H., Kanayama, Y., Ionomic analysis of horticultural plants reveals tissue-specific element accumulation. The Horticultural Journal 84：305-313（2015）.

5）Djedidi, S., Kojima, K., Ohkama-Ohtsu, N., Bellingrath-Kimura, S. D., Yokoyama, T., Growth and ^{137}Cs uptake and accumulation among 56 Japanese cultivars of *Brassica rapa*, *Brassica juncea* and *Brassica napus* grown in a contaminated field in Fukushima: Effect of inoculation with a *Bacillus pumilus* strain. Journal of Environmental Radioactivity 157：27-37（2016）.

11. 他の作物などの放射性物質汚染

（齋藤 雅典）

　福島第一原子力発電所事故によって東日本の広大な面積が放射性物質によって汚染された。事故直後から農産物の汚染状況についてのモニタリングが実施され、一方で、汚染された農地の除染、土壌から作物への放射性物質の移行低減について精力的な研究が実施されてきた。前章では、汚染地域でのナタネ栽培試験を実施して、放射性セシウムがナタネ油に移行しないことを述べてきた。本節では、農業分野における事故後5年間の放射性物質汚染対策に関わる研究について総説（Yamaguchiら、2016）[1] としてまとめた概要を紹介するとともに、宮城県北部の大崎市において（株）池月道の駅と連携して、山菜等のモニタリングを行ってきた結果について紹介する。

11-1　事故後5年間の対策の概要

　事故後、ただちに放射性物質による農作物・食品の検査が行われ、同時に、土壌汚染の状況把握が進められた。農用地については農林水産省が2011年春に調査を行い、生産物である米が当時の食品の暫定基準値（放射性セシウム 500Bq / kg）を超える可能性のある水田については作付けが制限された。その後、詳細な調査が行われ、農地の汚染状況の実態が把握された。なお、各地に定点調査地点が設けられ、現在に至るも生産物と土壌の継続的なモニタリングが続けられている。なお、2012年からは長期的視点からより安全な放射性セシウムの新基準（一般の食品・農産物：100Bq / kg）が設定された。

　きわめて高濃度に汚染された農地については表土除去等の物理的除染が進められる一方、土壌中の放射性セシウムが 5,000Bq / kg 以下の農地においては、そこで生産される農産物が基準値を越えないように種々の

吸収抑制対策が検討された。土壌の種類によって放射性セシウムの粘土鉱物への固定の程度が異なり、このことが放射性セシウムの吸収抑制対策の基本となることから、汚染地域内の土壌の種類と放射性セシウム固定の関係の関係が調べられた。福島県内の汚染地帯の土壌を構成する粘土鉱物は放射性セシウムを強く固定する種類が多く、これらの土壌では作物への放射性セシウムの移行係数（土壌中に存在する放射性セシウムが作物へ吸収移行する比率）は低いことが多かった。そのため、深耕と十分な耕起によって農作物による放射性セシウムの吸収リスクをかなり下げることができた。

　また、セシウムは同族のカリウムと挙動を同じくすることから、肥料としてカリウムを十分に施用することによって放射性セシウムの吸収を抑制することが知られており、各種の土壌や作物に対してカリウム施肥の効果が調べられた。土壌診断で広く用いられている土壌の交換性カリウム含量を基準に、十分量のカリウム施肥を行うことで、作物への移行係数を低く抑えることが可能なことが確認された。このことは、現場の技術として普及し、安全な農産物生産に貢献した。

　通常の作物の場合、栽培にあたって耕起を行うため、事故時、表層に降下した放射性セシウムが土壌に混和され、粘土鉱物に固定されることによって、作物へ吸収されるリスクを低下させることができた。しかし耕起を伴わない果樹園、茶園、牧草地では、別の対策が必要であった。落葉果樹では、事故時に樹皮が汚染され、樹皮から樹体内に移行した放射性セシウムが果実へ移行したため、樹皮の高圧洗浄機による洗浄や樹皮そのものの切除によって移行抑制が進められた。常緑の茶樹については、汚染された葉、枝を切除する処理、特に枝を通常より深く刈り込むことによって、放射性セシウムの新芽への移行を抑制できた。牧草地において、汚染されている表層土壌を反転し、草地更新を行うことによって放射性セシウムの土壌への固定を進め、牧草への放射性セシウム濃度を低減した。

　これらの対策によって、食品中の放射性セシウムの基準値（100Bq /

11. 他の作物などの放射性物質汚染

表11-1 福島第一原子力発電所事故によって汚染された農地と今後の農業にとって必要な研究[1]

		必要な研究項目
汚染源	土壌	モニタリング、エイジングによる放射性物質の不可給化、シリカグラス態放射性核種沈着物の挙動、放射性セシウム固定能の低い土壌での挙動
	水	灌漑水、灌漑用貯水池のモニタリング、沈殿物からの移行
	飛散物	汚染現場からの飛散、燃焼処理からの飛散
	コンポスト、植物残渣	コンポスト等に含まれる放射性物質の植物への移行
植物	作物、野菜	多様な栽培環境における移行係数の予測
	ダイズ、ソバ	移行係数が高いメカニズム解明
	果樹	体内での移行転流メカニズム
	牧草地	有効な更新方法、更新草地の継続モニタリング
栽培管理	カリウム施肥	移行抑制に効果的かつ効率的な施肥法、コンポスト中のカリウムの抑制効果解明
	汚染表土除去後の圃場、あるいは汚染表土反転耕実施圃場	肥沃度の回復、放射性セシウムの圃場内不均一分布、深度分布
	除染	山間部の傾斜圃場に有効な除染技術
	放棄農地	雑草管理

kg）以下の安全な農産物を生産できるようになっている。しかし、残された問題も多く、より長期的な視点からさらなら研究と技術開発が必要である。それらの概要を表11-1に示した。

11-2　農産物の放射能汚染対策；「池月道の駅」との連携

　東北地方の中山間部では山菜・キノコなどを山野で採取し、季節の旬

の野菜として利用することが広く行われている。東北大学・複合生態フィールド教育研究センター（陸域生産部）（以下、川渡フィールドセンター）の位置する宮城県大崎市には東北地方有数の販売量を誇る「池月道の駅」がある。山菜類・きのこ類は「道の駅」の主要な販売産物である。通常の農作物の場合、中〜低濃度の汚染の土壌（5,000Bq／kg 以下）では、耕起による放射性セシウムの粘土への固定促進、カリウム肥料の増施による放射性セシウム吸収抑制という耕種的な方法で放射性セシウム吸収を抑制し、その濃度を基準値以下に抑えることが可能なことを前項で述べた。しかし、山野で採取される山菜類の場合、耕種的な方法を適用することはできない。そのため、詳細なモニタリングによる汚染実態把握がもっとも重要となる。

　そこで、東北大学・川渡フィールドセンターでは、近隣の池月道の駅と連携して、農家が山野から採取した山菜類の放射性セシウムのモニタリングを行ってきた。2011 年度末に川渡フィールドセンターに、ガンマ線測定機器（パーキンエルマー社 wizard 2480）が導入された。通常のガンマ線測定器では測定に 500〜1,000ml の試料が必要であるが、本機は比較的少量の試料（20ml）で測定が可能である。そのため、山菜類のように採取量の少ない品目でも、気軽にモニタリングに試料提供していただくことが可能であった。なお、均一な試料を測定用バイアルに充填するためには、試料を細断する必要があり、試料処理に労力を要するが、「道の駅」担当者に全面的なご協力をいただいた。今回のモニタリングに供試された試料は、山菜、キノコ類を中心に、栽培ものの野菜も含まれていた。

　2012 年には分析サンプルの 20％程度が基準値（100Bq／kg）を超えていたが、2015 年には数％以下に低下した。なお、基準値を超えていた試料は、いずれも宮城県ならびに大崎市の出荷制限あるいは出荷自粛要請の対象品目であり、市場へは流通していない。

　モニタリングの過程で、近隣で採取された山菜品目であっても、測定値にはきわめて大きな幅があることが明らかになった。土壌の放射性セ

11．他の作物などの放射性物質汚染

シウム濃度が採取地点ごとに異なっていた可能性、あるいは、それ以外の要因も考えられた。そこで、2012年5月にワラビを対象として数地点の調査を行った。すなわち、農家から提供されたワラビの放射性セシウムを測定するとともに、土壌中の放射性セシウムと土壌の化学性について分析を行った。

　対象とした5点のワラビのうち、3点は50Bq/kg以下であったが、2点は100Bq/kgを超えていた（図11-1）。調査地点の表層に蓄積している有機物層およびルートマット層は、いずれの地点でも2,000Bq/kg程度で大差なかったが、有機物層直下の表層土壌（0～5cm）の放射性セシウムは1,100～3,900Bq/kgと大きく変動していた。しかし、土壌中の放射性セシウムの変動とワラビの放射性セシウムの間に関係は認められなかった。土壌化学性の面から、ワラビの放射性セシウム濃度の低かった3地点をみると、いずれもやや pH と交換性カリウム濃度が高かった。これら3地点は民家に近く、山菜類の栽培歴があったり、草木灰等が施用されていた形跡のある地点であった。そのため、pH がやや高く、交換性カリウムが高かったと考えられる。一方、放射性セシウム濃度の高かった2地点はいずれも民家から離れたスギ林周辺であった。

　これらのことは、ワラビの可食部である若芽への放射性セシウムの移行は、土壌の化学性の影響を受けていることを示唆するものである。しかし、土壌からの放射性セシウムの経根吸収そのものが、土壌 pH や交換性カリウム濃度によって抑制されたのか、ワラビの体内生理状態が土壌化学性によって影響され、根茎から若芽への移行が抑制されたのか、分からない。

　土壌中の放射性セシウムのうち、経根的に植物に吸収される可給態画分は酢酸アンモニウムで抽出される画分であるが、この画分の放射性セシウムは経時的に土壌粘土鉱物に固定され、急速に植物に吸収されにくくなる。そのため、経根吸収による放射性セシウムの量は、経年的に急速に低下することが一般的である。特に、野菜類のように定期的に耕起を伴う圃場で栽培されている場合、土壌の耕起により放射性セシウムの

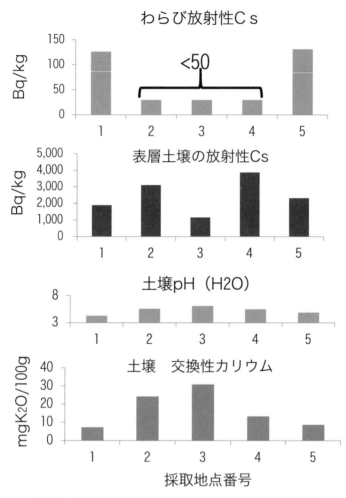

図11-1 わらびの放射性セシウム濃度と表層土壌の化学性（2012年）

固定が加速され、野菜への放射性セシウムの吸収は大きく低下する。さらにカリウム施肥という肥培管理によっても放射性セシウム吸収を抑制することが可能である。

しかし、山野から採取され、多年生である山菜類の放射性セシウム濃

11. 他の作物などの放射性物質汚染

度は低下しにくく、事故後数年経っても高い濃度の品目が多数ある（国立保健医療科学院、2016）[2]。

　さまざまな要因が考えられるが、農地と違って耕起作業がない山野では表層の有機物層に放射性セシウムが高濃度に蓄積しており、それらは土壌粒子と混和されることがないので、可給態のまま保持されているのかも知れない。また、毎年、春になって成長する際に、根系等に貯蔵された放射性セシウムが可食部である若芽部分へ移行してくるためとも考えられる。また、タラノキやコシアブラなどの木本類では樹皮に沈着し、その後、それらが体内に移行し貯蔵されていると考えられる。とりわけコシアブラは他の山菜類に比べて濃度が高く、さらに、経年的に濃度の高まる事例も認められた。コシアブラはマンガンなど重金属を集積しやすい植物と考えられており、放射性セシウムについても他の植物種よりも集積しやすいようである（清野・赤間、2013）[3]。

　福島第一原発事故による放射性物質による農用地の汚染に対して、さまざまな対策が進められ、避難指示区域以外における農業活動は通常に復しつつある。しかし、山菜や野生キノコの採取場所である中山間部の非農地においては、除染等の対策をとることは難しい。山野で山菜・キノコ類を採集し利用するためには、地域ごとのこまめで長期的なモニタリングによって実態を把握し、それに基づいて安全な採取地や品目を見極めて利用を進めていくことが必要である。東北大学・川渡フィールドセンターにおいても、モニタリングを通して、地域との持続的な連携を進めていきたい。

謝辞：本研究の実施にあたっては（株）池月道の駅の関係者に試料および情報を提供していただくとともに、試料調整等に多大なご尽力をいただいた。記して謝意を表したい。

参考文献

1) Yamaguchi, N., Taniyama, I., Kimura, T., Yoshioka, K. and Saito, M.（2016）
Contamination of agricultural products and soils with radiocesium derived from
the accident at TEPCO Fukushima Daiichi Nuclear Power Station: monitoring,
case studies and countermeasures, Soil Science and Plant Nutrition, 62（3）, 303
−314. DOI:10.1080/00380768.2016.1196119

2) 国立保健医療科学院（2016）食品中の放射性物質検査データ・厚生労働
省の公表データをとりまとめ　http://www.radioactivity-db.info/

3) 清野嘉之，赤間亮夫（2013）福島第一原子力発電所事故後の山菜の放射
能汚染．森林立地：55：113−118.

12. ナタネとエネルギー生産

（中井 裕）

　2011 年 3 月 11 日震災後の日々の暮らしを思い返すと、もっとも切実だったのは、電気など生活に必要なエネルギー供給が途絶えたことである。

　私は、12 日の夜中に仙台に帰り着いた。家はしっかりと立っていたが、後日、半壊と判定されたほど、室内は酷い状態であった。アップライトピアノが倒れ、ブラウン管式の大型テレビが棚から落ち、床には割れた食器と本が散乱していた。寝るスペースはなんとか確保でき、食べ物は家の中にあったものや小学校の校庭で配給されたものを手に入れて、しのぐことができた。しかし、電気やガス、水道が止まり、灯油やガソリンが手に入らないことに、不便さとともに、いつ回復するか分からない不安を感じた。長い列に並んで、給水車から飲み水をもらってきても、ガスや電気がないために、秋に 1 年分購入して蓄えてあった玄米を炊くことができない。県境を越えて山形に行けば食料が手に入ることが分かっていてもガソリンがない。灯油があってもファンヒーターは動かない。外部から供給されている電気やガス、灯油やガソリンに頼って生きているということをつくづく感じた。

　これらの体験を通して、災害時に人が生き抜くためには、最低限必要なエネルギーを供給できるシステムが地域内に存在する必要がある、と強く思った。備蓄も重要な手段であるが、石油などの備蓄は海に近い地域で行われており、津波によって備蓄施設が破壊されれば使用できない。被害がなくても、道路の寸断により、都市部に運搬できない可能性も高い。

　これらの問題を解決するのは、地域においてエネルギーを供給することである。すなわち、地域に分散した少量備蓄や、地域でのエネルギー

生産である。

　菜の花プロジェクトによって生産されるナタネ油やナタネの茎葉はエネルギー源になる。これらは、地域でのエネルギー生産の要として利用することが可能である。ここではまず、日本のエネルギーについて、再生可能エネルギー利用の先進国ドイツとの比較を挟んで考えてみる。

12-1　日本のエネルギーを取り巻く状況
　2015 年経済産業省資源エネルギー庁発表の「日本のエネルギー」[1] を参考にして、日本のエネルギー事情をまとめてみる。

　日本は、3 つのエネルギー問題に直面している。1）自給率の低下、2）電力コストの上昇、3）CO_2 排出量の増加である。
　一次エネルギー供給は震災前の 2010 年には 2 万 3,200PJ（ペタジュール：10 の 15 乗ジュール。0.0258 を乗じると原油換算百万 kL になる）であったが、震災後の 2014 年には 2 万 1,056PJ に低下した。これは、ネオンサインなどの節電を行った効果もあるが、2010 年にはエネルギー供給の 11.1％を占めていた原子力発電が震災後に停止したことが大きな要因である。この分を補うため、化石燃料への依存度が高まった結果、電気料金の上昇と CO_2 排出量の増加がもたらされた。
　2013 年の主要国の電気料金を MWh 当たりで比較すると、産業用は、日本 182.9 ドル、ドイツ 169.3 ドル、OECD 平均 123.3 ドル、家庭用は、ドイツ 387.6 ドル、日本 254.2 ドル、OECD 平均 172.1 ドルであり、日本はドイツと並んで高価格である。ドイツにおける主な理由は、後で述べるように原子力発電停止措置とそれに伴う再生可能エネルギーによる発電の固定買取制度にある。
　資源エネルギー庁では、3E ＋ S のバランスを取りながら、エネルギー問題を解決するとしている。3E ＋ S とは、Energy Security（安定供給）、Economical Efficiency（経済性）、Environment（環境）、Safety（安全）である。これを達成するのは、徹底した省エネを行って最終エネルギー消

12. ナタネとエネルギー生産

費を2013年度実績から10％削減し、バランスのとれたエネルギー供給によって3E + Sを実現するとしている（図12-1）。

バランスのとれたエネルギー供給は、エネルギーミックスともよばれている。一次エネルギー供給の2014年度実績と2030年度予想（「予想」ではなく、「政府目標」と呼んだ方が相応しい）は、石油41％→30％、石炭26％→25％、天然ガス25％→18％、原子力1％→10—11％、再生可能エネルギー8％→13—14％と記されている。これを達成する方法として、再生可能エネルギーの導入拡大、火力発電の高効率化、多様なエネルギー源（廃熱利用や地域冷暖房など）の活用、原子力発電の活用が挙げられている。

この広報では、目立たないようにするためなのか原子力発電再開は最

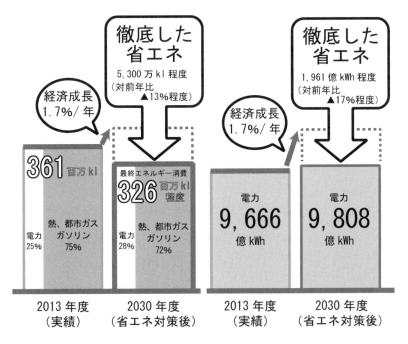

図12-1　エネルギーおよび電力の需要の現状と見込み
経済産業省資源エネルギー庁「日本のエネルギー」（2015）より改編

後に記されているが、原子力発電の割合を上げなければ、自給率、電力コスト、CO_2 排出量、いずれの問題も解決できない。相当に省エネを進めても、原子力発電がなければ、日本の産業も社会も成り立たないといった立場でのエネルギー供給予想である。ここには、原子力発電ゼロのシナリオは描かれていない。

12–2　電力供給

つぎに、現在のエネルギー需要の 25％ を占めている電力の供給状況について見てみる。

2013 年度の日本の発電電力量は、9,397 億 kWh である。そのうち、88.3％ が火力発電、1.0％ が原子力発電であり、再生可能エネルギーによる発電は、10.7％ である。再生可能エネルギーのおもなものは、水力であり、8.5％ を占める。水力以外の再生可能エネルギーは 2.2％ に過ぎない。この数字は小さいように思われるが、2011 年度には 1.4％ であり、この数値と比べると、公定価格買取制度の導入によって 2 年で 6 割増となっている。なお、この 2.2％ の内訳は、太陽光 1.0％、風力 0.5％、地熱 0.3％、バイオマス 0.4％ である（図 12–2）[2]。

国の長期エネルギー需給見通しでは、今後、徹底した省エネを行うことによって総発電電力量を 1 兆 650 億 kWh に抑えるとともに、再生可能エネルギーの比率を 22〜24％ にすると

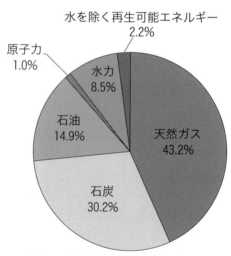

図 12-2　発電電力量の構成（2013 年度）
経済産業省 長期エネルギー需給見通し（2015）より改編

12. ナタネとエネルギー生産

表 12-1　再生可能エネルギーによる発電電力量の現状と将来

単位は億 kWh、カッコ内は総発電電力量に占める割合

	2013 年度		2020 年度		2030 年度	
太陽光	92	（1.0%）	308	（2.9%）	572	（5.6%）
風力	49	（0.5%）	88	（0.8%）	176	（1.7%）
地熱	26	（0.3%）	34	（0.3%）	103	（1.0%）
バイオマス・廃棄物	37	（0.4%）	179	（1.7%）	217	（2.1%）
水力	800	（8.5%）	805	（7.7%）	1,073	（10.5%）
合計	1,004	（10.7%）	1,414	（13.5%）	2,140	（21.0%）

※ 2013 年における発電電力量については自家消費分は含まない。
　経済産業省 最近の再生可能エネルギー市場の動向について（2015）より改編

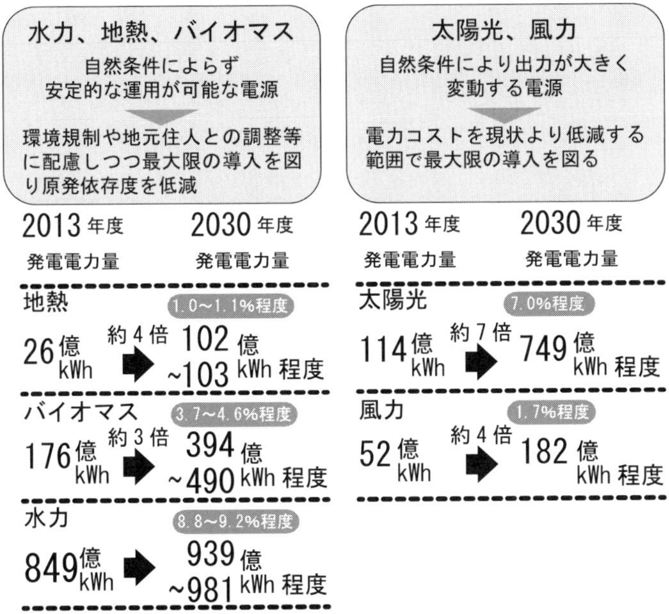

図 12-3　再生可能エネルギーの発電電力量

経済産業省資源エネルギー庁「日本のエネルギー」（2015）より改編

155

している。再生可能エネルギーの内訳は、水力 8.8〜9.2％、太陽光 7.0％、バイオマス 3.7〜4.6％、風力 1.7％、地熱 1.0〜1.1％である。水力を除いた再生可能エネルギーは、13〜15％程度となり、現状は 2.2％であるから、2030 年までにこれを 6〜7 倍増やすことになる。その中でも、太陽光は 7 倍、バイオマスは 10 倍、風力は 3 倍、地熱は 3 倍程度に増やすことを考えている。とくに、再生可能エネルギーの中で、太陽光とバイオマスに期待するものは大きい（表 12-1 および図 12-3）[3]。

12-3　太陽光発電

　再生可能エネルギーの中で、太陽光発電が急速に伸びているが、その経済性はどのようになっているのだろうか。ナタネの生産は、数 ha 単位で行うことが多いので、大規模発電システムであるメガソーラーについて考えてみる。

　メガソーラーとは 1MW 以上の出力をもつ太陽光発電システムを指す。M はメガと読み、100 万倍を意味する。k の 1,000 倍である。したがって、1MW とは、1,000kW または 100 万 W である。出力はその瞬間に発電できる能力を示し、発電量は発電能力の持続量を表す。発電量は 1 時間当たりで表し、Wh と表示する。すなわち、

　出力（kW）× 時間（h）＝電力量（kWh）となる。

　太陽光発電では、陽が当たっている時間（日照時間）が重要である。曇りがちな地域では、発電量は下がる。さらに、温度上昇による損失があり、夏の炎天下などでは損失が大きくなる。これらを勘案して、発電量は決まる。

　発電量＝出力（発電システムの能力）× 日射量 × 損失係数

　この損失係数は重要であり、日射量が多い南国は、北国よりも発電量が増えると考えがちだが、暑さで効率が下がるため、発電量に大きな差はない。

　再生可能エネルギーは、固定価格買取制度（FIT：Feed-in Tariff）のもとで売買される。すなわち、再生可能エネルギー源（太陽光、風力、水

力、地熱、バイオマス）を用いて発電された電気は、国が定める固定価格で一定の期間電気事業者に調達を義務づけられている。

　この制度は、2012年7月1日にスタートしている。メガソーラーなど事業用太陽光（10kW以上）については、発電コスト（システム費用、運転維持費）の低下、稼働率の向上を反映して、税抜で当初40円/kWhだったものが、36円/kWh、32円/kWhと段階的に引下げられ、2016年4月1日には24円/kWhになっている。調達期間は20年で、設置時の価格は固定されて、20年間同一価格で買い取られるルールである。

　2015年発表の経産省のコストデータの2014年度想定値を使用して、1,000kW以上の規模を持つ太陽光発電システムの収支を計算してみる。金額は、出力kW当たりのコストである[4]。

　システム費用　　　29.0万円/kW
　土地造成費　　　　0.4万円/kW
　設備利用率　　　　14.0%
　接続費用　　　　　1.35万円/kW
　運転維持費（修繕費、諸費、一般管理費、人件費）　0.6万円/kW/年
　土地賃借料　　　　150円/㎡/年

　上記の値はkW当たりで示されているので、1MWのメガソーラーの場合は、これらの値を1,000倍した金額になり、建設コストは2.9億円、土地造成費は400万円、接続費用は1,350万円であり、設置に約3.1億円が必要となる。

　1MWのシステムで100万kWhの発電が見込まれることから、売電額は、2,400万円となる。年間維持費は600万円、1MWのシステムのためには2haが必要となるため、土地賃貸料は300万円。買取価格が24円/kWhの場合、年間の収入は1,500万円である。

　設置必要費用の3.1億円を法定耐用年数17年で設置費用を割ると、年間1,800万円となり、これでは完全な赤字である。計算上は、21年間使用し続けた時点で、プラスマイナスゼロになる。パネルの寿命は20

年程度と言われており、買取価格24円/kWhでは採算が取れる可能性は低い。

ただ、この制度が始まった当時の固定買取価格は40円/kWhであり、この価格が適応されている施設であれば、売電額は、4,000万円、年間収入は3,100万円となり、3.1億円の回収は10年で可能である。17年間稼働で2.2億円のプラスとなる。

2haの土地でナタネを栽培したときの収入を考えてみる。後に詳しく述べるが、耕作放棄地再生補助金以外の補助金を受け取った場合の10aあたりの収入は年間2.6万円であり、2haであれば年間52万円の収入となる。17年間で、884万円となる。この面積で、買取価格40円/kWhのメガソーラーを運営すれば、2.2億円の収益が上がる。その差は、25倍である。

太陽光発電事業者にとっては、この様な収益性が見込まれる。

しかし、固定買取価格の一部は電気料金に上乗せされることも理解しておく必要がある（図12-4）。

2013年の電力コストは9.7兆円で、その内0.5兆円はFIT買取費用、2030年には、電力コストを2-5％下げて、燃料費（火力・原子力）を5.3兆円、系統安定化費用0.1兆円、FIT買取費用を3.7〜4.0兆円と見込んでいる。

ドイツでは、FITにより電気料金は2倍に上昇している。FIT買取費用を直接に電気使用者が負担すればこの様に明確な料金上昇として現れる。しかし、FITの一部を政府予算が負担している場合は、大きな料金上昇として見えてこない。日本では、2015年のFIT総額は1.3兆円であるが、FIT分を直接家庭に転嫁する訳ではないため、一家庭当たりの負担額は月額474円である。2030年に総額が4兆円に増えても、家庭の負担は1,500円程度である。現在の一家庭当たりの電気料金は月9,000円程度であり、FITの負担感は大きくない。また、将来もドイツの様な大幅な電気料金上昇は来ないものと思われる。

直接負担は少ないとはいえ、実質的にはFIT分を国民が負担している

12. ナタネとエネルギー生産

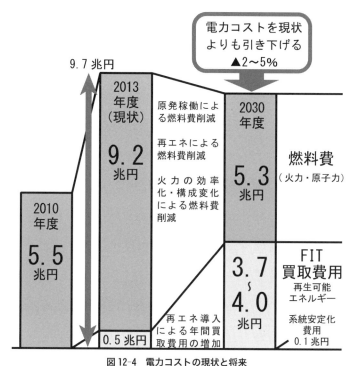

図12-4 電力コストの現状と将来
経済産業省資源エネルギー庁「日本のエネルギー」(2015) より改編

ことには違いない。太陽光発電に対する FIT 価格は引き下げられてきており、制度発足当時の事業者のようには、太陽光発電によって高い収益を上げることはできなくなっている。しかし、価格引き下げ前に高価格の FIT の権利を得た太陽光事業者は、国民の負担によって、大きな収益を上げ続けるといった不自然な構図が、20年以上にわたって続くことは理解しておく必要がある。

12-4 バイオマス利用の 5F

われわれは菜の花プロジェクトの中で、塩害農地でのナタネ生産の可能性を追求し、ナタネの活用方法を検討してきた。

159

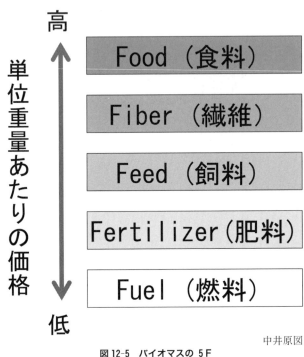

中井原図

図12-5 バイオマスの5F

　まずここでは、ナタネ生産の経済性について考えてみたい。

　農業生産物やバイオマスの利用は、5Fとよばれる5つのカテゴリーに分類される。5Fとは、Food（食料）、Fiber（繊維）、Feed（飼料）、Fertilizer（肥料）、Fuel（燃料）である。単位重量当たりの価格は、ほぼこの順に低くなる（図12-5）。

　バイオマスとは、「バイオマス・ニッポン総合戦略」（平成18年3月31日閣議決定）では、「生物資源（bio）の量（mass）を表す概念で、再生可能な、生物由来の有機性資源で化石資源を除いたもの」と定義されている。言い換えれば、バイオマスは、植物や微生物が、太陽のエネルギーを使って、無機物である水と二酸化炭素（CO_2）から、光合成によって生成する有機物である。これは、光合成生物と太陽エネルギーが

存在する限り、持続的に生産可能であり、再生可能な資源ともよばれる。

　5Fに関して、例を挙げて考えてみる。たとえば、食パンの耳を、オリーブオイルとシナモンシュガーをかけてオーブンで焼いてラスクに仕上げれば良い値段で売れる。しかし、パンの耳を家畜の餌にすれば、その販売価格は下がる。価格を下げなければ、農家に飼料として買ってもらえない。これを肥料にすれば、さらにその価格は下がってしまう。食パンの耳は、利用法によって価値が変わり、食料＞飼料＞肥料の順に値段が下がる。

　ナタネを利用する場合では、食料油や菜花（青菜）として食用に用いた場合が高い価格が付き、ついで、菜種粕などの飼料や肥料、最も価格が低いのが燃料となる。10aから生産される生産物を販売した場合、年間の販売額は、食用油用であれば3万円程度、燃料用であれば、ヨーロッパの価格を参照すれば、5千円程度から1.5万円程度の価格となる。しかし、食用としてとくに高価な例を挙げれば、ひな祭りの時期の菜花の出荷で100万円以上の収入を得ることもできる。5Fの最上位と最下位とでは、100倍ほどの差が生じることになる。

　しかし、必ずしも、この5Fの基本概念の順のとおりに価格が決まるわけではない。近年は、バイオマスからの燃料生産が盛んになり、燃料生産用のバイオマス生産に補助金が付けられる政策が実施されると、燃料生産用バイオマスの価格が上昇し、5Fの最下位にならない場合が出てくる。また、かつてのトウモロコシに見られるように、一部をバイオエタノール用に用いるために、食用や飼料用のトウモロコシが不足して、その結果として、価格が高騰したこともある。ドイツでは「お皿とタンクの競合問題」とよばれているが、農産物を食料（お皿）として用いるのか、エネルギー（タンク）に用いるのかといった議論がなされている。ドイツに限らず、世界的に農産物の食用利用と燃料用利用の競合が重要な問題である。

12-5 ヨーロッパにおけるナタネ生産とそのエネルギー利用

ここでヨーロッパ、とくに EU 全体のエネルギーの 5 分の 1 を消費するドイツを中心に、バイオマスエネルギー生産がおかれた近年の状況を見てみることにする（小野ら、2015)[5]。

ドイツは 2000 年に再生可能エネルギー優占に関する法律を施行し、RPS（Renewables Portfolio Standard：再生可能エネルギー導入義務化）電力優遇策として、電力の公定価格買取制度（FIT：Feed-in Tariff）を開始した。その結果、2012 年までに RPS 電力の生産量は 3.5 倍に増大した。しかし、同時に FIT 負担が急増し、2012 年には、電気料金は FIT 開始前の約 2 倍となった。この状況に対する国民の不満は膨らみ、2014 年の調査では、国民の 7 割が RPS 電力の増加に反対している。これらの動向を踏まえて、政府は 2012 年に太陽光発電の買取価格の 35％引き下げ、農地での太陽光発電施設の新設禁止、全量買取義務の廃止を決めた。

ドイツでは、ガソリン燃料車とディーゼル燃料車の割合は、ガソリン 64.78％、ディーゼル 32.61％で、ガソリン車の割合が多い（European Automobile Manufacturers' Association、2014)[6]。しかし、バイオ燃料政策においては、ガソリン車に使用できるバイオエタノールよりもバイオディーゼルを重視しており、バイオエタノールとバイオディーゼルの割合は 1：3 である。なお、フランスでは、ディーゼル燃料車が 6 割以上を占めている（ガソリン 32.24％、ディーゼル 64.31％)。

ドイツにおけるバイオディーゼルの原料はほぼ全量がナタネであり、栽培面積は 75 万 ha（2012 年）に上る。これは、日本でのナタネ栽培面積の 463 倍に当たる。日本での栽培面積は 1,620ha である（2015 年農林水産統計)。

EU では長らく食料生産が過剰であったため、1990 年代に農地の 15％休耕、2000 年以降 10％休耕を義務化した。しかし、休耕地政策に対する反対意見も多く、2003 年に休耕地でエネルギー作物栽培をした場合、この土地は休耕地扱いとして、さらに助成金（45 ユーロ / ha）を

付けることとした。2004 年には、ディーゼル燃料税を免除としたため、バイオディーゼルおよび燃料用ナタネ油（ナタネ SVO：Straight Vegetable Oil）の生産が急増した。しかし、2007 年には、これらへの課税を復活させ、2012 年以降ディーゼルと同等に課税することとした。この時同時にバイオ燃料割当法を施行し、軽油に対するバイオディーゼルの混合を義務化した。そのことにより、ナタネ生産量の減少は限定的であった。バイオディーゼルの軽油への混合割合は 5% または 10% であり、B5 や B10 とよばれて販売されている。

　ナタネ油は、メチルエステル化とグリセリンの除去・精製を行ってバイオディーゼル燃料とするが、この操作を行わずに搾油したままの物を燃料用ナタネ油として自動車燃料や発電用燃料に用いることも可能である。これをナタネ SVO（Straight Vegetable Oil）とよぶ。非課税化により 2005 年以降生産量は増加し、2007 年には 70 万トンに達したが、課税が再開されたことにより、2012 年は 2.5 万トンに減少した（この値は SVO のみであり、BDF 用も加えると搾油されているナタネ油の量はこれの 10 倍以上である）。減少したとは言え、SVO だけでも、日本の国内栽培ナタネから搾油する油の約 50 倍である。日本では、ほとんどすべてが食用であり、504 トン（2015 年）に過ぎない。

　ドイツのナタネ SVO は、1.47 ユーロ / L 程度である。内訳は、ナタネ油 1L の製油コストが 90c、燃料税が 47c、付加価値税が 7% である（2014 年）。この価格は軽油の 1.50 ユーロ / L を下回るが、ナタネ SVO の燃費は 1 割ほど悪いため、実質は、1.63 ユーロ / L となり、現在、苦境に立たされている。燃料税が免税であった時期には、ナタネ SVO は軽油よりも 20% 以上安価となり、それが、ナタネが大量に生産されていた理由である。

　さて、ナタネ SVO およびバイオディーゼル燃料とする場合に、油としての価格にのみ注目しがちであるが、ドイツでは絞り滓を飼料（ナタネミールまたは菜種粕）として販売しており、この価格も重要である。ドイツの一例では、33 円 / kg（1 ユーロ 110 円換算）で飼料用に販売さ

れている。

　ドイツでは、エルシン酸とグルコシノレート含有量が低いダブルローとよばれる品種が栽培されているため、飼料として積極的に用いられる。日本では、エルシン酸のみ低いシングルローとよばれる品種（キザキノナタネなど）が主であり、国産のこれらは一般には肥料用に用いられる。日本のナタネ粕のほとんどは、輸入ナタネを国内で搾った粕であり、2014年約5万円/t、2015年約4万円/tで取引されている（日本油脂特報）。kg当たり40〜50円程度である。国内で栽培されたナタネの粕も同程度の値段である。

　ヨーロッパにおける10a当たりのナタネ生産者価格は、1990年代の生産者価格は、5,000円から6,000円程度であった。収益性は非常に低い。その一因は、ヨーロッパで古くから行われてきた三圃式農業にあると思われる。三圃式農業は、農地を冬穀（秋蒔きの小麦など）・夏穀（春蒔きの大麦・豆など）・休耕地（放牧地）に分けて、ローテーションを組んで耕作する農法である。ナタネ栽培は比較的手間がかからず、三圃式農業の休耕のローテーションにナタネ作を組み込めば、少額であっても収入を得ることができる。15％休耕地義務化の範囲外で菜種栽培を行っていたと考えられる。

　しかし、2003年の休耕地におけるエネルギー作物栽培への助成金制度ができたことにより、ナタネ価格は上昇し、2010年から14年の5年間の平均値は日本円換算で、10aあたりドイツで1万5,800円、フランスで1万4,900円である。1990年代の3倍に跳ね上がっている。

　この価格は、日本の米と比べると随分安いと感じるが、ヨーロッパの主要穀物の中ではナタネが最も高くなっている。ドイツとフランスの2010年から14年の5年間の平均価格を示すと、小麦1万5,500円・1万4,600円、大麦1万1,500円・1万2,000円、エン麦1万3,300円・7,700円である。したがって、ドイツおよびフランスにおいて、ナタネ栽培を行うモチベーションは高い（表12-2）。

12. ナタネとエネルギー生産

表12-2　主要穀物の価格

（円）

	ナタネ	小麦	大麦	エン麦
ドイツ	15,800	15,500	11,500	13,300
フランス	14,900	14,600	12,000	7,700

2010年から14年の5年間の平均価格（日本円換算）

中井原図

12-6　日本のナタネ生産

　2015年農林水産統計によると、日本のナタネ作付面積は、1,620haである。10a当たり収量は191kg、収穫量は3,100tである。このうち、油糧生産に用いられているものは、油糧生産実績表（2015年農林水産省）によると、ナタネ原料処理量1,449t、原油生産量504t、菜種粕生産量828tである。なお、ナタネの油含有量は40％程度であるが、ナタネ粕にも油が残るため、搾油される油は原料の30％程度となることもある。また、ナタネ油の比重は0.91から0.92である。

　ヨーロッパにおけるナタネ1kg当たりの生産者価格は、1990年代、ドイツでは16円から26円、フランスでは17円から26円、2010年以降は、ドイツで42円から62円、フランスで51円から61円である（1ドル100円で換算）[7]。

　それでは、日本におけるナタネ生産農家の収支を見ることにする。

　まず、農水省が毎年発表を行っている生産費調査からデータを拾ってみる[8]。2015年の10a当たりの生産費は4万3,947円（内訳は、物財費3万3,762円、労働費1万0,185円）、資本利子・地代全額参入生産費は5万1,950円である。この年の収量は、277kg、1経営体当たり作付面積は154.7aである。

　物財費とは、調査作物を生産するために消費した流動財費（種苗費、肥料費、農業薬剤費、光熱動力費、その他の諸材料費等）と固定財（建物、自動車、農機具、生産管理機器の償却資産）の減価償却費の合計。物財費に労働費を加えたものが生産費となる。生産費に生産者の利潤を

165

加えたものが生産者価格である。

　ちなみに、同年の米の 10a 当たりの生産費は 11 万 4,042 円（内訳は、物財費 7 万 9,311 円、労働費 3 万 4,731 円）、資本利子・地代全額参入生産費は 13 万 3,294 円である。この年の収量は、519kg、1 経営体当たり作付面積は 160.3a である。

　つぎに収穫されたナタネがいくらで取引されているかを見てみる。ナタネの生産者価格は、産地と実需者間の播種前契約により取引されるため安定した価格である。

　図 12-6 には、60kg 当たりの金額で示したが、kg 当たりに換算すると、2004-8 年は 88 円、09 年に 168 円、10 年 160 円と高値となったが、11-13 年は 100 円である[9]。

　すなわち、10a あたりの収量が 277kg である場合、2 万 7,700 円であり、物財費の 3 万 3,762 円にも及ばない。資本利子・地代全額参入生産費の 5 万 1,950 円に対しては、53％にしかならず、ナタネ生産農家は大

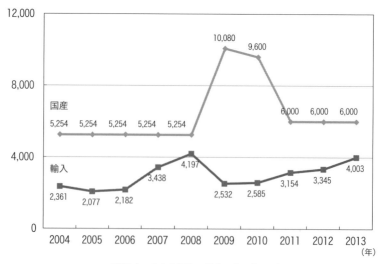

図 12-6　ナタネ価格の推移　（円／60kg）
（国産は生産者団体売り渡価格（年産）、輸入は CIF 価格（暦年））
農林水産省 そば及びなたねをめぐる状況について（2015）より改編

12. ナタネとエネルギー生産

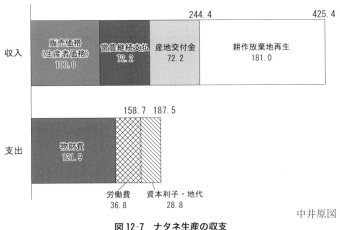

図 12-7 ナタネ生産の収支
（円/kg 2015 年発表値を使用）

幅な赤字である。

このような状態にもかかわらず生産が継続されているのは、補助金制度が存在するからである（図 12-7）。

畑作物には、直接支払交付金（ゲタ対策）が付与されている。ナタネに関しては、営農継続支払（面積払：営農面積に対して支払われる）2 万円 / 10a または、数量払（出荷数量あたりで支払）が交付される。面積払を受けた場合は、その交付額を控除して数量払が行われる。数量払は、全算入生産費をベースに算定した標準的な生産費と標準的な販売価格の差額分が単価重量当たりの単価で国から直接交付される。2015 年の平均交付単価は 161 円 / kg である。すなわち、全国平均の収量である 277kg 以下であれば、2 万円 / 10a、277kg を超えると、超えた重量に対して 161 円 / kg が加算される。なお、数量払には、品種区分があり、キザキノナタネ、キラリボシ、ナナシキブは 9,850 円 / 60kg、その他の品種は 9,110 円 / 60kg である。

これにさらに産地交付金が付加される。基幹作で 2 万円 / 10a、二毛作で 1 万 5,000 円 / 10a である。さらに、耕作放棄地の再生利用を目的

とする場合は、雑草の刈り払いと土づくりのために5万円/10a、2年目以降も土づくりが必要な場合は2万5,000円/10aが付けられる[10]。

10aの収量を277kgとして計算すると、営農継続支払72.2円/kg、産地交付金（基幹作）72.2円/kg、耕作放棄地再生181円/kgである。これらすべてを交付された場合、補助金は325.4円/kgとなる。生産者価格の100円/kgで販売すると、合計金額は425.4円/kgとなる。

2015年の生産費と収量から計算した生産費は、187.5円/kgであるので、差額の237.9円/kgが収益となる。また、労賃の36.8円/kg相当も加えると、274.7円/kgが農家収入といえる。10aあたり7万6,000円の収入が得られることになる。これに平均作付面積154.7aを乗じると、年間118万円の収入となる。

耕作放棄地再生補助金を加えずに計算すると、10aあたり2万6,000円、平均作付面積154.7aでは、年間40万2,000円となる。

この様な、補助金制度の存在によって、農家はナタネ栽培によっても収益を上げることができる。

一方、10aあたりの年間労働時間は、ナタネでは7時間であり、主食用米の26時間と比べて4分の1程度である。すなわち、ナタネは粗放的な生産が可能である。ナタネ生産専業の場合、この特徴を生かして栽培面積を拡大して、収入を上げることができる。北海道の一経営体当たりの経営耕地面積は2015年26.51haであるが、この面積であれば、年間689万円（耕作放棄地再生補助金を受けない場合）の収入が見込める。

とはいえ、大規模化のためには、トラクターやコンバイン、乾燥装置などが必要となるため、初期投資は大きく、実際には上記ほどの収入が得られるわけではない。

12-7　日本でのナタネBDF生産

日本においてナタネからBDFを製造した場合のコストを試算してみる（図12-8）。

12．ナタネとエネルギー生産

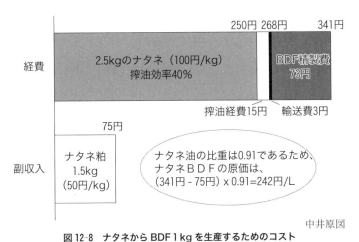

図 12-8　ナタネから BDF 1 kg を生産するためのコスト

搾油コストは少量の場合、80〜120 円/kg、ナタネ粕は 70〜120 円/kg（古川ら、「消費者調査による国産ナタネ油（圧搾法）の受容価格と生産条件」）[11]との報告があるが、大規模施設を用いて搾油した場合は 15 円/kg とされる。輸送費 3 円/kg も含めると、搾油コストは 18 円/kg となる。また、BDF 精製費用は 73 円/kg と試算されている。一般的には、ナタネ粕の販売価格は 50 円/kg 程度と言われている。（平井ら、2008）[12]

買取価格 100 円/kg のナタネを原料に効率 40％で搾油を行うとすると、1kg の油を得るのに、2.5kg のナタネが必要となる。搾油経費を 18 円/kg（搾油された油の kg あたりの輸送費 3 円、搾油経費 15 円）とすると、ナタネ 250 円に 18 円を加えて、ナタネ油は 268 円/kg となる。BDF 精製費用は 73 円/kg を加えると BDF は、341 円/kg となる。比重 0.91 で計算すると、310 円/L である。

ただし、搾油時にナタネ粕がナタネの 6 割ほど出る。これを 50 円/kg で販売すれば、油 1kg あたり 75 円、L 換算で 68 円の収入が得られることになり、BDF 価格は、242 円/L での販売が可能となる。

軽油の価格は、2014 年に原油が高騰した際に 148 円/L まで上昇した

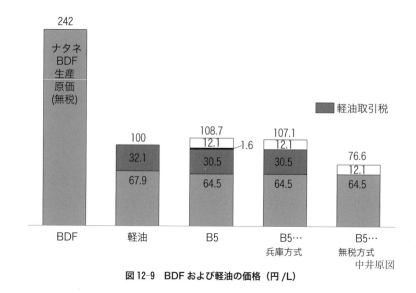

図12-9　BDFおよび軽油の価格（円/L）

ことがあるが、現在は100円/L程度であり、242円/LのBDFでは、軽油と比べて価格的に優位となる可能性は低い。

　燃料に対する税金として、軽油取引税がある。この税法では、軽油に32.1円/Lが課税されているが、BDF100％は課税対象外で無税である。無税であっても、242円/Lでは、軽油と市場で競争することは無理である（図12-9）。

　一方、BDFを軽油に混ぜた場合は無税とはならず、BDF部分も含めて軽油と同じ32.1円/Lが課税される。ただ、兵庫県では、県独自の措置として、B5（BDFを5％混合した軽油）のBDF相当部分に対して軽油取引税が免除されている。兵庫県の税法を100円/Lの軽油に242円/LのBDFを混じた場合の価格は、107.1円/Lとなり、やはり軽油よりも高価格になる。兵庫県方式では、原油価格が上昇した時は、その価格が軽油価格に反映されるため、この場合もB5が軽油よりも優位となることはない。

　税法改正の働きかけは、全国組織の菜の花サミットや超党派議員団が

12. ナタネとエネルギー生産

行ってきたようであるが、実現していない。

　しかし、将来、BDF 混合燃料の軽油分に関しても免税措置が取られることになる期待はある。すなわち、BDF を混ぜれば、軽油自体が免税となる仕組みである。軽油に BDF を 5% 混合された B5 は 76.6 円 / L となる。無税とは言わずに、20 円 / L 程度の課税を行っても、軽油よりも低価格に抑えられる。この様になれば、BDF の価値が出てくる。軽油取引税の仕組みを変えれば、日本のナタネからの BDF 生産は現実的なものとなる。

　以上をまとめると、日本のナタネ BDF 生産は、1）国産ナタネの価格の引き下げ（ナタネ収量の増収、生産の大規模化、ナタネ生産への補助金を増額することなどにより、輸入品並の価格とする）、2）国産のナタネ粕の取引価格の引き上げ（肥料ではなく、ダブルロー品種栽培によって飼料利用を中心として高付加価値化）、3）原油価格の高騰に伴う国産 BDF の相対的安価、4）BDF 混合軽油の免税または課税軽減、などの要因の変化によって、活性化する可能性は十分にある。

　なお、荒廃農地（客観ベース）の面積は、平成 26 年には 27 万 6,000ha であり、そのうち再生利用可能なものが 13 万 2,000ha（47.8%）、再生利用困難なものが 14 万 4,000ha（52.2%）とされるが、耕作放棄地（主観ベース）の面積は、平成 27 年には 42 万 3,000ha とされる。この面積に、ha あたりの収量 2.77 トンを乗じると、耕作放棄地において 117.2 万トンのナタネの生産が可能となる。この量のナタネから搾油すると、ナタネ油は 46.88 万トンとなる。BDF への変換効率を 1 とすると、51 万 5,000kL の BDF が生産される。

　国内の軽油消費量は、営業用自動車で 1,701 万 kL、自家用自動車で 867 万 kL（国土交通省、2015）[13) である。また、軽油は、自動車以外に建設用や農業用機械の機械にも使用されており、日本国内軽油販売量は、3,892 万 kL である。

　これらの数値を用いると、耕作放棄地すべてでナタネを生産して BDF を生産した場合、日本の自家用自動車が使用している軽油の

171

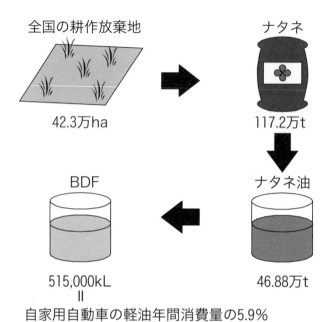

図 12-10　耕作放棄地でのナタネおよび BDF 生産

5.9％、国内軽油販売量の 1.3％を賄うことができる。これらの値は少ないものに思われるが、軽油に 5％添加の B5 として用いれば、自家用自動車用の軽油すべてを B5 化することができる（図 12-10）。

したがって、国内産ナタネを使用して BDF を生産し、軽油と混合しない B100 として用いる場合は、その生産量は圧倒的に少なく、石油製造・流通・販売に関わる業種を圧迫するものではない。しかし、軽油取引税の無税化などの税制改正とともに B5 として使用することを推進した場合、税収など多くの面に対して影響が出ることは必至である。日本のエネルギー供給の全体像や今後の歩むべき方向を十分に精査して、国産ナタネ生産と BDF 生産の方向性を考える必要がある。

このように、全国レベルでの大規模生産は、化石燃料の削減に繋がる

12. ナタネとエネルギー生産

が、社会的な影響も大きく、他の産業とのバランスをはかりながら導入を決める必要がある。しかし、限られた地域、たとえば津波被災農地や、放射線汚染農地におけるナタネ栽培・BDF 精製の生産量はわずかであり、経済へのインパクトは小さい。このような小規模のナタネ BDF 生産は、地域復興の一つの方法になりえるものであり、地域の平常時および災害時の地域エネルギー供給手段として推奨できる。

ナタネ生産とこれを用いた BDF 生産は、地域でのエネルギー生産と備蓄・供給、人材の雇用、地域の活性化に繋がるものであり、地域の社会や産業に受容される地域特性に合った総合的なシステムとして容認しうるものである。地域を限定するなど他の制度との整合性をとって、新たな地域システムとして見直すべきである。

参考文献

1)「日本のエネルギー」, 経済産業省 資源エネルギー庁, (2015)
   http://www.enecho.meti.go.jp/about/pamphlet/pdf/energy_in_japan2015.pdf

2)「長期エネルギー需給見通し」, 経済産業省, (2015.7)
   http://www.meti.go.jp/press/2015/07/20150716004/20150716004_2.pd

3)「最近の再生可能エネルギー市場の動向について」, 経済産業省, (2015.1)
   http://www.meti.go.jp/committee/chotatsu_kakaku/pdf/016_01_00.pdf

4)「最近の再生可能エネルギー市場の動向について」, 経済産業省 資源エネルギー庁 省エネルギー・新エネルギー部, (2015.1.15)
   http://www.meti.go.jp/committee/chotatsu_kakaku/pdf/016_01_00.pdf

5) 小野洋、松田裕子、野中章久、金井源太「再生可能エネルギー生産をとりまく課題 ―ドイツ・バイエルン州での調査から―」食品経済研究第 43 号 56-67 (2015)

6) European Automobile Manufacturers' Association, (2014)
   http://www.acea.be/statistics/tag/category/passenger-car-fleet-by-fuel-type

7) FAO の統計情報　http://faostat3.fao.org/home/E

8）農産物生産費統計 , 農林水産省
http://www.maff.go.jp/j/tokei/kouhyou/noukei/seisanhi_nousan/

9）「そば及びねたねをめぐる状況について」，農林水産省，（2015.1）
http://www.maff.go.jp/j/council/seisaku/kikaku/syotoku/02/pdf/07_data3-2.pdf

10）「経営所得安定対策などの概要」，農林水産省，（2015）
http://www.maff.go.jp/j/kobetu_ninaite/keiei/pdf/27pamph_all.pdf）

11）古川茂樹、新妻俊栄、野中章久、小野洋「消費者調査による国産ナタネ
油（圧搾法）の受容価格と生産条件」
http://www.naro.affrc.go.jp/org/tarc/to-noken/DB/DATA/065/065-207.pdf

12）平井晴己、永富悠、中西哲也、洪起源、姜京善「日本におけるバイオ
ディーゼル導入について」，IEEJ（2008.6）
http://eneken.ieej.or.jp/data/pdf/1697.pdf

13）「自動車燃料消費量統計（年報）平成 27 年度分」，国土交通省，（2015）
http://www.mlit.go.jp/k-toukei/22/annual/index.pdf）

13. 菜の花プロジェクトの今後

(中井 裕)

社会を形成する要素は時代と共に多様化し、それらは複雑に絡まりあって分厚い層を形成し、社会の本質はその深部に埋め込まれて、ますます見え難くなる。

東日本大震災によって、人の心や社会システムは大きく揺り動かされた。この時に、分厚い層の隙間から深部に隠された社会の本質が露出し、社会システムの問題点や人々が先送りしていた課題がより明確に見えてきた。

浮上してきた問題点や課題は多岐に及んで枚挙にいとまがなく、私も多くの課題を背負って、この5年半、様々な活動を続けて来た。その中で私にとってもっとも重い課題は、「大学は農業復興に対して何をすべきか」というものである。

震災の前年2010年3月30日に閣議決定された「食料・農業・農村基本計画」において、食料・農業・農村をめぐる現状として、「食糧自給率の低迷」、「農業所得の大幅減少や主業農家の減少による後継者不足の深刻化」、「耕作放棄地の増大」などが指摘されていた。震災後の2011年8月26日に農水省が策定した「農業・農村の復興マスタープラン」は、上記「基本計画」を踏襲したものであった。農業・農村の復興として、将来の農業・農村の担い手の確保と土地利用調整を中心に置き、それぞれのキーワードは、「6次産業化」と「大規模化」とされた。被災地の自治体は、「6次産業化」と「大規模化」を目標に掲げて農業支援および指導を行うことになった。

これらの目標は簡単に到達できるものではなく、震災から4年経った2015年3月31日に閣議決定された「食料・農業・農村基本計画」にも盛り込まれている。すなわち、食料・農業・農村をめぐる情勢として、

「東日本大震災からの復旧・復興」、「高齢化や人口減少の進行」、「農地集積など農業・農村の構造変化」など6項目が挙げられているが、これらは、「農業・農村の復興マスタープラン」のいくつかを踏襲したものになっている。2010年の基本計画では日本の農業が抱える問題点に関する記述は不鮮明であったが、2015年には、震災を契機に明確になった問題点が書き込まれたと言える。

　上記マスタープランにあるように震災後の農業の復旧および復興の中心キーワードは「6次産業化」と「大規模化」であり、行政はこれらを推し進めた。震災前から大規模化を進めて、6次産業化の方向に動いていた農業者は、この流れに乗ることができた。

　この潮流は、国・県・市が中心となって大規模農業者などと一体となって進めるものであり、ここに大学が参入する必要はないと私は感じた。感じただけではなく、大学として、農業・農村の復興支援を行おうと勢い込んでも、表舞台での出番はないのが現実であった。

　とくにこの時は、農学部といった存在の特殊性を感じた。

　平常時は、大学は農林水産省のプロジェクトなどに加わって研究開発の一部を担当したり、大学が発案して農林水産省のプロジェクトの立ち上げなどを行っており、農林水産省関係の研究機関の研究者を教員として採用するなど人的交流も盛んで、非常に密接な関係を保っている。しかし、今回のように農家や農業の復旧・復興を支援する場合には、大学は完全な部外者である。震災後に農林水産省の担当者が大学を訪れて意見交換を行ったりはしたが、農業復旧方針の決定などに、大学が口を挟む余地はなかった。

　私は、仙台市震災復興検討会議委員を務めたが、農業復興のベースは当然、農林水産省の方針であり、仙台市独自の路線を打ち出したり、ましてや委員の意見が採り上げられることはなかった。これは、農地復旧などの予算は、国から下りてきたものが県を通じて市に下りてくるものであり、市独自の路線を打ち出せないのは当然である。大学のアイデアを農業復興の方針に盛り込むことの困難さを大いに感じた。

13. 菜の花プロジェクトの今後

　農政は、明治時代の農商務省から現在の農林水産省まで、国の行政機関をトップとして、その下に、県、市町村が存在するピラミッド構造で進められている。長年にわたって作られたこの構造は強固であり、外部の力で簡単に動かせるものではない。農家は、この強固な構造をよく理解している。新しいことを始めるよりも、待っていれば、国が助けてくれる、国の方針に逆らって動くことは不利、この様に多くの農家が思っている。急いで動くことは得策ではなく、とくに集落の中で一人で新しい方向に動けば、小さな村社会の中での立場は厳しくなる。

　活動する中で、これらのことを痛感した。ボランティアと共に瓦礫を除去して、ヘドロをすき込んでナタネの栽培をしようと言っても、農家はその誘いにはなかなか乗ってこなかった。また、われわれの意見に賛同した農業者がいても、周りの農家の態度は冷ややかであった。

　当時の制度では、農家が被災農地ににおいて何かの栽培を始めた時点で、その農地は国の除塩プログラムから外されることになっていた。栽培を行わずに瓦礫処理等の仕事をしていれば、それ自体でも収入を得られ、さらに津波被災農地に対する補償も下りてくる。この先が見えない状態では、将来性が不透明なナタネ栽培を始める者は出てこない。村の人々との和を乱してまで、どれだけの収益が上がるかわからないナタネに手をだすものはいない。農家がナタネ栽培に乗り出さないことは当然であった。

　この様な高い壁の存在を十分に考えないまま、われわれは、「大規模化」や「6次産業化」とは異なる方向性をもって、被災地の農業や農村の支援に乗り出したいと考えた。「大規模化」や「6次産業化」の流れに乗れない農家を、何らかの方法で支えることが、被災地では重要で、われわれが行うべき支援であると考えた。

　最終的には、われわれの手で直接に明確な形で農家や農村が潤う形は作れなかったといえるが、大学の教員として考え得ることは最大限に実行したと思っている。

　われわれの活動を振り返って、行ってきた活動がどのように将来に繋

がっているのかを考えてみる。

①土壌調査

　農地やその土壌の被災状況を宮城県や仙台市と共に詳細に調査したが、このことは、ヘドロ除去による短期復旧の可能性や、多様な被災状況に対応した復旧策の選択など様々な提案に繋がった。また、得られた調査結果は、今後の長期的な土壌モニタリングの必要性を示しており、現在も調査および解析を続けている。世界各地の津波被災農地や地下水くみ上げなどによる塩害農地の復興に対して、これらの知見は生かせるものと考える。

②耐塩性ナタネ

　津波を被った農地における栽培実験によって、耐塩性のあるナタネは、ヘドロ除去を行わない農地でも栽培が可能なことが明らかとなった。ヘドロの厚さや土壌の塩分の測定を行った後、数センチ程度のヘドロであれば、これをすき込んで、ナタネの栽培を行うことができることが示された。この方法であれば、ナタネ栽培を行いながら、土壌の塩分が雨水によって希釈されて流出するのを待つことが出来る。数年後に土壌の塩分濃度が低下した時点で、米や他の作物の栽培に切り替えることができる。これは、ナタネによって収益を上げながら除塩できる省力的な方法である。

　今回の津波では、多額の予算を投入して、ヘドロ除去、雑草除去、水張りの繰り返しによって、水田の復旧を行ったが、ヘドロ除去を行わない耐塩性作物栽培は、津波被災農地をより簡便に（ただし時間はかかるが）復旧する方法として有効である。とくに、開発途上国など、津波被災農地の復旧に予算をかけられない場合には、最適な方法として提案できる。

③ナタネの利用

　われわれは、生食用の菜花、観賞用の菜の花、ナタネ油、ナタネ油漬け食品、菜種油からの BDF などを自分たちの手で実際に作って、ナタネを多岐に活用することが可能なことや、仙台周辺でそれを実現できる

13. 菜の花プロジェクトの今後

業種の人々が存在することなどを、具体的に示してきた。

われわれは利用方法の具体例を示して、それに関わることが出来る人材を探し出せば、何かが動き出すと考えていたが、それは、簡単ではなかった。

菜の花のプリザーブドフラワー、ナタネ油を含むろうそく、結婚式のキャンドルサービス用のオイルキャンドル、牡蠣のオイル漬け、ラー油などを、被災地のナタネで作れば、そこに存在するストーリー性を価値に付加して売れるだろうと考えていた。しかし、これらの一部は、協力企業などが作成して販売を試みたが、売れたのはわずかであった。

大学では、一般的に、シーズオリエンテッドの考え方、すなわち、良い種（シーズ）であれば社会に受け入れられるはずといった考え方を持って研究を行っている。これと同じように、ナタネ関連の生産物に関しても、シーズオリエンテッドな考えに立っていた。しかし、ものを売るためには、ニーズオリエンテッド、すなわち、ニーズに合ったものを作らなければならない。すなわち、消費者が欲しがるものを作る必要がある。今回の震災復興のプロジェクトでは市場が求めるものを調査する余裕はなく、可能性があるものすべてを作ってみようという進め方であった。結果としては無駄な試みも多かったが、今回の試みの中で、不足していた点、失敗した点などは、今後、類似の活動を行う人々に参考にしてもらえれば、その価値は出ると考えている。

これらはぼんやりとした成果であるが、その中から、今後に繋がるいくつかの明るい光が見えている。今後の展開についてまとめてみる。

13-1　耐塩性アブラナ科植物の育種

現在も研究途中であるが、ナタネやカラシナに関する耐塩性の研究が進んでいる。これまで分からなかった耐塩性の遺伝子レベルでのメカニズムが明らかになりつつある。これらの知見は、遺伝子組換え体を作ることにも勿論応用できるが、野外での栽培には制限がかかり、国内では現実的ではない。しかし、遺伝子解析法を用いて特定遺伝子をモニタリ

179

ングしながらの交雑試験（遺伝子組換えではない）を用いることにより、耐塩性品種の育種や品種の固定の速度を増すことができる。10年かかっていた育種を数年に短縮することが可能になる。耐塩性のナタネやカラシナは、世界各地で大きな問題になっている土壌塩害の解決に繋がる。開発中の品種の中では、土壌の除塩作用を有するものもある。国内の津波被災農家を救うことはできなかったが、将来の技術として有望である。このプロジェクトを通して、耐塩性系統の開発が進んでいる。

13-2　高効率メタン発酵システムの開発

　ナタネだけには限らないが、植物の茎葉を用いたメタン発酵の高効率化として、ルーメンハイブリッド型メタン発酵システムの開発が進められている。

　われわれは、このシステムを用いることにより、植物体に多く含まれるセルロースやリグニンの分解を効率良く進め、メタン発酵の効率を数倍、高めることに成功している。この方法が確立すれば、ナタネ油を原料にバイオディーゼル燃料（BDF）を作ると同時に、これまで、焼却炉などでコストをかけて焼却されていたナタネの茎葉を使ってメタンガスというエネルギーを得ることができる。ナタネを使い尽くす技術が開発されつつある。

　また、ルーメンハイブリッド型メタン発酵システムとナタネBDFを組み合わせれば、食料生産に向かない放射性物質汚染地域での農業生産が可能になる。この方法を用いれば、「ナタネ→BDF」、「ナタネ茎葉およびBDF副産物グリセリン→メタン発酵」、「メタン発酵残渣（肥料）→ナタネ栽培農地」といった形で、汚染地域内において資源循環を行いながら、セシウムの放射性崩壊を待つことが可能である。地域外に持ち出されるのは、放射性セシウム混入ゼロのBDFだけである。菜の花プロジェクトを通して、これらの自然科学研究が加速し、実用化に向けた研究が進められている。

13. 菜の花プロジェクトの今後

13-3　大学の中立性を保った復興支援活動

　プロジェクトの全体像の章（2章）でも書いたが、他の企業にはない大学の中立的立場の意義を確認した。今後、復興などに関する活動において、揺らぐことのない中立性を持つことが重要である。行政は勿論中立的な立場を取ってはいるが、国からの上意下達の構造の中で行動する中では、地方独自の判断が出来ないことも多い。とくに、特定企業と農家を結ぶと言った要の役割は果たしにくい。また、短時間での意志決定と行動も難しい。われわれは、デンマーク大使がレゴの玩具と子供一人あたり5千円の見舞金を持って被災地に届けたいという活動を支援したが、宮城県や仙台市には断られた後に、東松島市に繋げることができた。大学の中立性とフットワークの良さを生かすことができた事例である。

　複数の企業の寄附金を受けて菜の花プロジェクトを進められたことや、プロジェクトの中で自治体・企業・農業者を繋ぐ扇の要として機能することができたのも、大学の中立性があってのことである。多くの機関と連携を取る場合には、この中立性が重要である。

　昨年、宮城復興局との意見交換の中で、海沿いの地域の雑草に困っているとの相談を受け、ヒツジによる雑草除去を提案した。この案に賛同した農学研究科の吉原佑助教が、岩沼市で具体的なプロジェクトを立ち上げ、大学のフィールドセンターのヒツジの導入を行った。プロジェクトを通して、草刈りだけではなく、ヒツジに接した被災者たちの癒やしになることが科学的に立証されつつある。この活動は、テレビや新聞記事によく取り上げられているが、最近は大学の関与について触れられることもなくなって、岩沼市独自の活動として報道されるようになっている。このように目立たなくなってこそ、支援活動における本物の扇の要になったといえる。中立性あってのことだと思う。

　今後も、社会における中立的な立場を堅持しながら、活動を継続することが重要である。

13-4　人材育成

　農業の復興には、新しい技術の投入も重要であるが、プロジェクトを通して、「人」の力の大切さを感じるようになった。短期的な復旧活動に一定の目途が付く中で、大学は、もっとも得意とする教育の分野で復興に関わるべきであると考えるようになった。

　その結果、菜の花プロジェクトのメンバーなどを中心に、復興に携わることができる多様な人材育成を目標として、2014 年春に東北復興農学センターを東北大学に開設した。

　学生および社会人を対象として、復興農学マイスターおよび IT 農業マイスターを育成している。金曜日 18 時半からの 20 時までの講義 10 回、日帰りの被災地エクステンション、2 泊 3 日の大学フィールドセンターを利用した復興農学フィールド実習、3 日間の IT 農学実習と盛りだくさんである。

　被災地エクステンションは、2 年目は津波被害が大きかった宮城県女川町、3 年目の今年は放射性物質汚染被災地の福島県葛尾村で実施した。葛尾村は、放射性物質汚染のため、5 年にわたって村人の帰村が許されなかった地域である。エクステンションは、帰村が許される前日に、公式には村人が存在しない葛尾村の中で実施された。受講者は現地に立ち、現地の人々と話して、様々なことを感じ、多くのことを学んだ。

　これらのコースを修了してマイスターを取得した受講生は、この 3 年間で延べ 238 名に上る。

　現在も、東北大学および周辺の大学、さらには東京の大学生も受講し、大学 1 年生から 70 歳を過ぎた社会人まで老若男女がお互いの意見を熱く語りながら、ディスカッションや体験することを重視したプログラムの中で学んでいる。ある東京の大学生は、金曜日の朝のバスで仙台まで来て、講義受講後に夜行バスで戻って、土曜・日曜にアルバイトしてそのお金で翌週の講義に参加すると言っていた。仕事後に駆けつけてくる社会人も沢山いた。

13. 菜の花プロジェクトの今後

　東北大学の教員と、このような熱い心を持ってコースを履修して認定証を得たマイスターや、さらにはマイスターが属する機関や企業との連携が進んでいる。これらの人と人の繋がりが農業復興のための一つの基盤となりつつある。

　これらの「人」が中心となって、農村と都市の物と情報を結び付けて、農村や農業を活性化することができれば、きっと、被災地の農業復興に繋がると信じている。

14. おわりに

(中井 裕)

2016 年 7 月 16 日、梅雨の晴れ間、仙台東部地区に行って来た。

2011 年に佐々木均さんから借りて皆で雑草を引き抜き、ヘドロを除去し、ナタネの栽培実験をおこなった田んぼだ。区画整理は行われずに 30a の以前の形のままに、稲が植えられて育っていた。周りの田にも、整然と稲が植えられて、強い緑の光を放っていた。その向こうの西側、仙台東部道路との間にあった数十枚の田には、稲ではなく真新しい住宅が立ち並んでいた。

2011 年の春には瓦礫や松が転がり、津波のヘドロがひび割れて生気を失っていた荒井の地域が、稲や新しい家々で命を吹き返していた。

震災直後は、「10 年間は稲作はできない」とわれわれや農家は考えていたが、たった 5 年で生き返って前に進んでいた。

つぎに、仙台市農業園芸センターに車を進めた。2016 年 4 月に民営化されたことは聞いていたが、久しぶりの来訪だった。東部地区のシンボルだった巨大な熱帯植物用の温室は取り壊され、民間の手が入ったせいか、全体に柔らかい雰囲気が醸し出されていた。

2012 年から 2013 年にナタネの栽培実験を行った北側の圃場には、大きく育ったトウモロコシが風に揺れていた。2011 年にナタネを蒔いて 2012 年春に黄色い花で彩られた沈床花壇は色とりどりの花が植えられて、幾何学模様が描かれていた。花壇の先の綺麗に整えられた芝生の丘の上には、あの日に津波をかろうじて被らずにすんだ女性の像が、大きな手の平の台座に座って、気持ちよさそうに海からの風を受けていた。1992 年に杜の都の彫刻 15 番目として掛井五郎氏が作成した「道香（みちか）」という作品。「津波の後に潮をかぶってでも残った作品。僕の友人の亡くなった子供を昇天させる思いを込めた像なんですが、もうとに

185

かく見てもらいたい」と作者がコメントしている。海岸近くで命を落とした多くの人々の魂を背負うかのように、海に背を向けて座っている。

芝生のすぐ向こうに大沼が見える。津波で破壊された護岸はすっかり綺麗に整えられ、何事もなかったかのように水をたたえている。

ここでは震災の爪痕はすっかりぬぐい去られ、平和な風景が広がっていた。人々に一時も早く希望の黄色い花を見て貰おうと、われわれが栽培した沈床花壇のナタネの名残はもうなかった。その景色は心の中だけに存在する。時は経ったと感じた。

沈床花壇入り口に、ルッコラや小松菜を売っているテントが張られていた。前掛けをした3人の女性の周りを小さな男の子が走り回っていた。

「なのはな工房」。手作りの看板が下げられていた。

どうしてこの名前にしたのかと尋ねると、

「このあたりには菜の花がよくあったからね。そう、震災の後に、ここの花壇に菜の花が咲いているのを見て、この名前を付けたのよ」

もう、この場所からは消えてしまった菜の花は、私以外の人の心にも残っていた。そして、農家の若奥さん達の直販グループの名前として生きていた（口絵74）。

菜の花プロジェクトは、震災で打ちひしがれ、瓦礫除去作業の労賃で暮らすことを余儀なくされた農家を救いたいと、真剣に考えて始めたプロジェクトだった。目に見えるような形で農家を救うことや、農村を豊かにすることもできなかった。そこには、多くの限界を感じている。

しかし、ナタネ栽培システムの農家への実装や行政施策への反映などは成し遂げられていないものの、わずかであっても人々の心に働きかけて、人々が未来に向かって一歩を踏み出すきっかけに繋がったのであれば、良かったのだと思う。

186名の方が亡くなられ、生き残った人たちも戻って住むことを禁じられてしまった荒浜を遠く眺めながら、世の中を変えるといった大それた考えなどなく、とにかく何かをしなければ農家や農村がダメになって

14．おわりに

しまう、農家とともに何かをしたい、人々の気持ちを大切にしたいという、菜の花プロジェクトを立ち上げた春を思い出していた。

2016 年 9 月 1 日

東北大学菜の花プロジェクト
プロジェクトリーダー　中井　裕

「東北大学 菜の花プロジェクト」活動の記録（2011 年）
～震災発生から現在まで～

		2011 年
日付	状況や活動	概要
3 月 11 日	状況	午後 2 時 46 分、東日本大震災発生。太平洋沿岸各地に巨大津波が押し寄せた。東京電力福島第一原子力発電所で電源喪失。
3 月 13 日	状況	気象庁はマグニチュード（M）を 8.8 から世界最大クラスの 9.0 に修正。東日本大震災の避難者数は東北 6 県で 45 万人を超える。
3 月 23 日	学内活動	農業、畜産業や村の復興の支援を目的として、中井裕教授が「食・農・村の復興支援プロジェクト（以下、ARP）」を農学研究科 運営会議で提案。山谷知行農学研究科長（当時）をトップとして ARP を立ち上げる。
3 月 25 日	状況	東日本大震災の犠牲者数が 1 万人を超す。
3 月 25 日	調査・視察	仙台市の依頼による仙台市東部地区土壌調査（奥山恵美子仙台市長同行）を、農学研究科内の南條正巳教授、國分牧衛教授、中井裕教授で行う。
3 月 26 日	報道	河北新報「東日本大震災 / 奥山仙台市長、被災農地を視察」3/25 の土壌調査について
3 月 28 日	学内活動	農学研究科全体ミーティングで ARP メンバー募集を呼びかけ、同時に「津波塩害農地復興のための菜の花プロジェクト（＝東北大学菜の花プロジェクト）」発足準備を開始。
3 月 29 日	学内活動	28 名の教員が ARP プロジェクトに賛同し、参加表明（後に 53 名となる）。
3 月 30 日	地域連携	義援金を届ける在日デンマーク大使メルビン氏に同行して、阿部秀保東松島市長（当時）との意見交換を行った。（中井裕・大村道明）。デンマークより、義援金 1650 万円および避難所にデンマークのブロックおもちゃ「LEGO」（レゴ）40 箱が寄付された。
3 月 31 日	地域連携	東北大学農学研究科女川フィールドセンターの薬品回収および被害状況の視察。安住宣孝女川町長（当時）との意見交換を行った。（中井裕 他）
4 月 1 日	学内活動	ARP ウェブサイトを立ち上げる。
4 月 7 日	状況	宮城県で震度 6 強の余震発生
4 月 11 日	地域連携	大崎市の「おおさきバイオディーゼル燃料地域協議会」にて、ARP および東北大学菜の花プロジェクトの説明（中井裕）
4 月 12 日	報道	日本農業新聞「復興への支援策提案」（中井裕）
4 月 12 日	報道	読売新聞「食・農・村の復興支援プロジェクト報告会」（中井裕）
4 月 12 日	報道	河北新報「一次産業の再生支援 東北大プロジェクト設立」（中井裕）
4 月 16 日	学内活動	「元気に頑張ろう バドミントンジュニアたち」を開催。東北大学バドミントン部が主催（被災地の子ども達を招待してのチャリティーバドミントン大会）
4 月 21 日	学内活動	東北大学農学研究科川渡フィールドセンター播種祭。津波を受けなかった農地では、例年と同じように春の作付を開始した。
4 月 25 日	学内活動	3 年生オリエンテーション（東北大学では、卒業関連の行事は行われなかった。講義は、約 2 週間遅れで開始となった）。
4 月 29 日	状況	東北新幹線、東京—新青森の全線で運転再開
5 月 6 日	学内活動	入学式（新入生の入学が、1 ヶ月遅れとなった）
5 月 11 日	講演発表・セミナー	「第 1 回 ARP 報告会（東北大学による食・農・村の復興支援報告会）、東北大学農学研究科」を開催。 発表名：「食・農・村の復興支援プロジェクトの概要」 菜の花プロジェクトの活動概要と今後の復興計画について報告し、約 180 名が参加した。
5 月 11 日 ～19 日	調査・視察	宮城県内の海水流入農地の広域土壌調査（344 地点：南條正巳、伊藤豊彰）
5 月 12 日	報道	日本農業新聞「復興への支援策提案」5/11 の報告会について
5 月 12 日	報道	河北新報「1 次産業の再生支援 / 東北大、プロジェクト設立」5/11 の報告会について
5 月 12 日	報道	読売新聞「食・農・村の復興支援プロジェクト報告会」5/11 の報告会について
5 月 12 日	受賞・採択	「津波塩害農地復興のための菜の花プロジェクト」が、（独）科学技術振興機構（JST）戦略的創造研究推進事業（社会技術研究開発）の「東日本大震災対応・緊急研究開発成果実装支援プログラム」に採択される。
5 月 13 日	報道	共同通信「震災復興に即効、研究 6 件を選考 科学技術振興機構が助成」5/12（独）科学技術振興機構（JST）戦略的創造研究推進事業について
5 月 13 日	報道	大分合同新聞「震災復興に即効、研究 6 件を選考」5/12（独）科学技術振興機構（JST）戦略的創造研究推進事業について
5 月 14 日	報道	NHK「塩害土壌調査について」（南條正巳）。

5月14日	イベント	川渡（かわたび）河川敷公園（宮城県大崎市鳴子温泉）にて「復興へ頑張ろう！ みやぎ・菜の花フェスティバル in おおさき」開催。実行委員長は、地元の協力企業である（有）千田清掃の千田信良社長。ARP として参加。
5月18日	報道	朝日新聞「農・林・漁再生への英知」
5月20日	学内活動	菜の花プロジェクトの活動内容に関して、打ち合わせを行った。
5月23日	その他連携	（国研）科学技術振興機構（JST）総括面談。
5月31日	報道	朝日新聞「大学、地域の復興に力」
6月2日〜3日	報道	JST に関して、BS-TBS より取材・撮影を受けた。後日、「津波塩害農地復興のための菜の花プロジェクト」採択に関する記事が全国の新聞に掲載され、この後多くの取材を受けた。
6月7日	地域連携	東北大学の震災復興環境エネルギープロジェクトに関する打ち合わせ開始。仙台市震災復興室から仙台市震災復興検討委員会委員委嘱の打診を受ける。（中井裕）
6月10日	報道	公明新聞より「東北大学菜の花プロジェクト」について取材（中井裕）
6月12日	地域連携	遠藤公夫氏とナタネ栽培のための田の借用について面談（中井裕）
6月15日	報道	仙台市役所にて菜の花プロジェクトに関する記者会見（中井裕）。
6月15日	調査・視察	若林区荒井実験農地の土壌採取（南條正巳、北柴大泰）
6月15日	報道	河北新報「デンマーク皇太子来訪」
6月16日	報道	読売新聞「菜の花の除塩効果研究」（中井裕）
6月16日	報道	日本農業新聞「菜の花植え除塩」（中井裕）
6月16日	報道	毎日新聞「雑記帳：塩害対策で被災農地に菜の花」
6月16日	報道	日本経済新聞「塩害農地、代替作物で再生」
6月16日	報道	ミヤギテレビより「菜の花の耐塩性」について取材（北柴大泰）
6月16日	報道	NHK 番組・おはよう日本「進まぬ農地復旧 農家の苦悩」（南條正巳）
6月17日	報道	公明新聞「農・漁村の再生」
6月17日	講演発表・セミナー	「亘理町議会大震災復興支援特別委員会」主催：亘理町議会事務局 発表名：「震災からの農地の復旧」（中井裕）
6月20日	報道	J-WAVE（別所哲也氏のラジオ）に電話出演（中井裕）
6月23日	報道	朝日新聞「塩害克服 3 本柱」
6月23日	報道	（国研）科学技術振興機構（JST）ウェブサイト「塩害に強い「菜の花」を栽培しながら農地を修復し、科学の力で被災地に希望の灯火をともす」
6月24日	状況	東日本大震災復興基本法が公布・施行された。
6月25日	講演発表・セミナー	「第2回 ARP 報告会」（東北大学農学研究科）テーマ：「東日本大震災の経験から再考する自然環境との共生〜食と農と村をつなぐ地域再生への展望〜」
6月26日	報道	BS-TBS「岡本行夫のニッポンという国へ」の番組内で ARP による復興支援が紹介される。
7月2日	講演発表・セミナー	「東北大学農学部 同窓会群馬県支部翠刀会総会」（主催：東北大学農学部同窓会群馬県支部）発表名：「食・農・村の復興支援プロジェクトについて」（中井裕）
7月5日	産学連携	キリンビール（株）から臼田氏が来仙し、プロジェクト活動への寄付に関する打診を受ける。
7月6日	その他連携	山田周平氏がバイオディーゼル（BDF）車で来仙。ナタネ栽培に関する打ち合わせを行った。
7月11日	産学連携	（株）キナリから松川・手嶋氏が来仙し、プロジェクト活動への寄付に関する打診を受ける。
7月12日	産学連携	キリンビール（株）の担当者と寄付に関する調整を行う。
7月13日	会議	仙台市震災復興検討会議（中井裕）
7月15日	地域連携	農水省技術会議および東北大学産業連携推進本部 研究協力部 産学連携課産学連携係と意見交換を行う。
7月16日	報告会	「第3回 ARP 報告会」ならびに「東日本水産業復興対策緊急シンポジウム」を開催（東北大学農学研究科）
7月19日	講演発表・セミナー	「亘理町議会東日本大震災復興計画勉強会」（主催：亘理町議会事務局）発表名：「震災からの農業の復旧」（中井裕）
7月21日	産学連携	（株）環境科学コーポレーション（現：ユーロフィン EAC（株））より、プロジェクト支援の申し出を受ける。
7月21日	報道	日本農業新聞「東日本大震災営農再開への提言 4、被害マップ早期作成を」（南條正巳）
7月22日	地域連携	宮城野区ボランティアセンター・古澤良一副センター長に電話し、菜の花プロジェクトへのボランティア支援の可能性について打診。
7月27日	報道	ジャパンジャーナルの取材を受ける（中井裕）。
7月27日〜28日	講演発表・セミナー	「第4回 ARP 報告会」を開催。テーマ：「プロジェクト立ち上げの経緯と概要」

活動の記録

7月27日 ～28日	イベント	「東北大学農学部オープンキャンパス」において、高校生向け復興支援に関するポスター展示
7月30日	イベント	「菜の花プロジェクト現地説明会」を開催。(仙台市若林区荒井地区、仙台市農業園芸センター)中井教授が「菜の花プロジェクトと土壌」について説明後、会場近くのナタネ播種予定地(水田約30aと圃場約10a)において約120名のボランティアと共に、厚さ5cm程の黒いヘドロ除去を行った。
7月31日	イベント	東北大学農学研究科川渡フィールドセンター(大崎市鳴子温泉)にて、開放講座『「いのち」にふれる』を開催。
8月2日	報道	河北新報「菜の花プロジェクト始動／浸水農地の塩害解消へ」7/30 ヘドロ除去作業について
8月3日	会議	仙台市震災復興検討会議(中井裕)。
8月4日	講演発表・セミナー	JST RISTEX(科学技術振興機構 社会技術研究開発センター)主催シンポジウムにて中井教授が講演(会場:仙台国際センター)。 テーマ:「震災からの復興を「活力ある街・地域」創りにつなげる～地域の「潜在力」を引き出す社会技術～」 講演名:「津波塩害農地復興のための菜の花プロジェクト」(中井裕)
8月11日	地域連携	仙台市の担当者と菜の花プロジェクトに関する打ち合わせを行った。
8月17日	会議	仙台市東部地区検討グループ(仙台市)
8月17日	イベント	「東日本大震災児童のための Kawatabi サマーキッズスクール」にて有機性資源の循環に関する講義(川渡フィールドセンター)
8月19日	地域連携	おおさきバイオディーゼル(BDF)協議会(大崎市)
8月22日	会議	仙台市震災復興検討会議(中井裕)
8月25日	調査・視察	仙台市農業園芸センターにて土壌分析用のサンプリング作業。
8月25日	講演発表・セミナー	岩手県農業研究センター(岩手県北上市)にて、「平成23年度東北農業試験研究推進会議 作物部会 畑作物研究会(夏期)」 発表名:「大津波による農耕地土壌への影響—宮城県の広域土壌調査の事例から—」(菅野均志)
8月26日	講演発表・セミナー	パレス宮城野(仙台市)にて「宮城県東北大学農学部 OB 同窓会」 講演名:「食・農・村の復興支援プロジェクトについて」(中井裕)
8月27日	調査・視察	若林区荒井実験農地のヘドロ未除去実験区で、雑草が伸び始めたことを確認。
8月29日	講演発表・セミナー	古川農業試験場(大崎市古川)で開かれた「東日本大震災対応研修会」にて講演。 講演名:「放射性物質の農作物等への影響と対策について」(南條正巳)
8月30日	産学連携	(株)ヤラカス館および(株)クレハとプロジェクトに関する打ち合わせを行った(東北大学農学研究科)。
8月31日	会議	仙台市震災復興検討会議(中井裕)
9月2日	講演発表・セミナー	中井教授が理事長を務める日本畜産環境学会にてプロジェクト報告(東京農業大学厚木キャンパス)
9月3日	講演発表・セミナー	東北大学川渡フィールドセンターで開催された「第9回 FSC 国際シンポジウム 土壌と環境」にて、菜の花プロジェクトの活動概要と今後の報告を行った。
9月6日	講演発表・セミナー	鬼首(おにこうべ)公民館(大崎市鳴子温泉)で開かれた「飼料作物増産対策研修会」にて講演 講演名:「農作物と放射性物質」(齋藤雅典)。
9月7日	講演発表・セミナー	「第2回大崎市農業担い手サミット in 鳴子」(大崎市鳴子温泉)にて講演 講演名:「農作物・土壌の放射能問題と今後の対策について」(南條正巳)
9月12日	産学連携	(株)宮果の遠藤社長とプロジェクトに関する打ち合わせを行った。(東北大学農学研究科)
9月17日	調査・視察	仙台市若林区荒井の実験圃場において、全体を耕起
9月24日	調査・視察	台風15号が通過(9月21日)した後の視察。排水機・排水路機能が低下し、圃場は沼と化す。
9月25日	イベント	仙台市農業園芸センターにて、播種作業および菜の花プロジェクト現地説明会を開催。30名程のボランティアが集い、実験圃場で播種作業を行った。
9月25日	状況	仙台国際空港が全面復旧。
9月29日	講演発表・セミナー	仙台市農業園芸センターで開かれた「JST サイトビジット現地説明会」にて発表 発表名:「菜の花プロジェクトについて」
9月30日	講演発表・セミナー	第72回サイエンスカフェにて講演(仙台メディアテーク) 「野菜における多様性～ダイコンとカブはどこが違うか～」(西尾剛)
10月1日	イベント	東北大学川渡フィールドセンターにて東北大学コンポスト総合プロジェクト(PICS)公開セミナー 講演名:「地域を支える有機性資源の循環—エネルギーをつくり、環境をまもる—」(中井裕)
10月1日	その他連携	福島県須賀川市にて、藤井絢子氏と面談。(NPO法人菜の花ネットワーク代表)

191

10月2日	報道	河北新報「街角で知を楽しもう―東北大サイエンスカフェから／野菜の分類法と交配染色体操作で品種改良」（西尾剛）
10月3日	栽培管理	仙台市農業園芸センターにて、菜の花播種作業（約10a）
10月3日	栽培管理	岩沼市にて市内の協力農家による菜の花播種作業（約1ha）
10月7日	報道	河北新報「福島第1原発事故／玄米のセシウム汚染濃度／福島、国係数の1割以下」（南條正巳）
10月9日	報道	河北新報「農作物汚染／科学的根拠で不安を拭おう」について（南條正巳）
10月10日	イベント	仙台市若林区および荒浜実験圃場（約30a）にて、菜の花プロジェクト現地説明会および播種作業（ボランティア参加者120名）
10月12日	報道	仙台放送より菜の花プロジェクトの密着取材を受けた。
10月13日	イベント	柴田農林高校（宮城県柴田町）にて出前授業 講義名：「挑戦、アブラナ植物の力を塩害復興に役立てよう」（北柴大泰）
10月12日	報道	河北新報「塩害農地に種まき／東北大学・菜の花プロジェクト」若林区実験圃場の種まきについて
10月17日	講演発表・セミナー	「平成23年度東北大学総合技術部研修（専門研修）」（東北大学金属材料研究所） 発表名：「津波被災農地・農業の復興」（中井裕）
10月24日	講演発表・セミナー	「国連アカデミック・インパクト署名記念シンポジウム」（仙台市、東北大学 川内萩ホール） 講演名：「食・農・村の復興支援プロジェクト」（中井裕）
10月26日	イベント	東京都立 立川高校にて出張講義 講義名：「食と環境をまもる微生物たち」（中井裕）
11月4日～6日	講演発表・セミナー	宮城県大崎市合同庁舎で開催された「おおさき産業フェア2011」にて、ポスター展示 展示名：「津波被災農地の復旧を支援する―被災土壌を調査して修復に役立てる―」
11月8日	講演発表・セミナー	東北大学川渡フィールドセンターにて、「第13回国内視察研修（第2回リン資源リサイクル事例視察と併催）」 発表名：「コンポストおよびメタン発酵システム」（中井裕）
11月9日	講演発表・セミナー	「防災・日本再生シンポジウム」（青森市、青森グランドホテル） 講演名：「津波に被災した土の概況と対策」（南條正巳）
11月9日	講演発表・セミナー	東北大学川渡フィールドセンターにて、東北大学農学研究科と大崎市との連携協定締結式および基調講演を行った。 講演名：「バイオマスタウンづくりに生かす微生物のちから―東北大学と大崎市の連携事業にむけて―」（中井裕）
11月11日	講演発表・セミナー	エル・パーク（仙台市）で開催された「第41回東北大学農学カルチャー講座」にて講演。 講演名：「塩害に強いアブラナの作出に向けて」（西尾剛）、「農地土壌に対する東日本大震災の影響と対策」（南條正巳）
11月16日	講演発表・セミナー	「平成23年度日本農業機械工業会総会」（仙台市、江陽グランドホテル）。 発表名：「震災復興と地域循環」（中井裕）
11月16日	講演発表・セミナー	「石巻塩害対策農家研修会」（石巻市河北総合センター） 講演名：「海水流入水田の特徴と塩害対策」（伊藤豊彰）
11月17日	講演発表・セミナー	「東北復興に向けたクリーンエネルギー研究開発シンポジウム」（仙台市、メトロポリタン仙台） 講演名：「食・農・村の復興とバイオマスエネルギー生産」（中井裕）
11月21日	会議	ルーメンバイオガス研究会キックオフミーティング開催（東北大学農学研究科、中井裕）
11月22日	会議	松島町での菜の花プロジェクト支援のための打ち合わせ（松島町）
11月28日	講演発表・セミナー	大崎市バイオマス利活用推進委員会 移動研修会（中井裕）
11月30日	イベント	幕張メッセ（千葉県）で開かれた「アグリビジネス創出フェア」にてARPおよび菜の花プロジェクトに関するパネル展示。
11月30日	講演発表・セミナー	「食の産業サミット」（仙台国際センター） 発表名：「土壌汚染と対応策」（南條正巳）
12月7日	講演発表・セミナー	大震災からの農業・農村の復興に関する技術シンポジウム（東北大学百周年記念会館（川内萩ホール） 講演名：「水田農業の復興に向けた技術とは何か」（中井裕）
12月8日	講演発表・セミナー	「平成23年度土づくり研究会」（東北肥料農薬事業所（ハーネル仙台）） 発表名：「津波被害の実態と農用地の塩害対策」（南條正巳）
12月9日	講演発表・セミナー	「全農営農指導員シンポジウム」（仙台市） 講演名：「農用地に対する放射能汚染の実態と対策」（齋藤雅典）
12月10日	講演発表・セミナー	「菜の花プロジェクト講演会」（東北大学農学研究科） 講演名：「津波塩害農地復興のための菜の花プロジェクトの進展状況」（中井裕）

活動の記録

12月10日	調査・視察	仙台市農業園芸センター、若林区荒井圃場、岩沼市圃場いずれも、ナタネは順調に生育していることを確認
12月20日	イベント	「東北地域アグリビジネス創出フェア 2011」にてポスター展示（仙台市情報・産業プラザ展示ホール、アエル 5 階） 展示名：「東北大学 食・農・村の復興支援プロジェクト」（中井裕）

「東北大学 菜の花プロジェクト」活動の記録（2012 年）
〜震災発生から現在まで〜

2012 年		
日付	状況や活動	概要
1 月 1 日	報道	公明新聞「塩害農地の回復をめざす 菜の花プロジェクト」（中井裕）
1 月 11 日	講演発表・セミナー	仙台青葉ロータリークラブ卓話会（ホテルメトロポリタン仙台）。「地域を救うバイオマスエネルギー生産」（中井裕）
1 月 26 日	講演発表・セミナー	亘理地域における塩害技術対策研修会 講演名：「大津波が農耕地土壌に与えた影響とその対策」（伊藤豊彰）
1 月 27 日	講演発表・セミナー	平成 23 年度 東北大学大学院農学研究科運営協議会（東北大学農学研究科） 発表名：「食・農・村の復興支援プロジェクト、津波塩害農地復興のための菜の花プロジェクト」（中井裕）
1 月 29 日	調査・視察	若林区荒井実験圃場にて、白鳥による菜の花の食害。仙台市農業園芸センターおよび岩沼市実験圃場は無事。
2 月 2 日	調査・視察	雪の積もった若林区荒井実験圃場にて、大数の白鳥を発見。
2 月 4 日	講演発表・セミナー	仙台青葉ロータリークラブ創立 20 周年記念事業 未来都市仙台公開フォーラム—「農と食」の復興・再生からみた震災後の仙台の未来—（仙台市シルバーセンター） 講演名：「震災からの農と食の復興・再生」（中井裕）
2 月 10 日	状況	復興庁が発足。東北地方太平洋沖地震・東日本大震災からの復興を目的として、期間を定めて設置される日本の行政機関であり、震災発生から 10 年となる 2021 年（平成 33 年）までに廃止されることとされている（設置法 21 条）。
2 月 20 日	講演発表・セミナー	あ・ら・伊達な道の駅にて、講演会（大崎市岩出山池月）。 講演名：「農用地に対する放射能汚染の実態と対策」（齋藤雅典）
2 月 22 日	講演発表・セミナー	農業の早期復興に向けた研究成果報告会—宮城県農業関係試験研究機関・東北大学大学院農学研究科 連携プロジェクト—（東北大学農学研究科） 発表名：「沿岸部農地を対象とした広域土壌調査の概要」「津波堆積泥土に含まれる硫黄化合物の問題」（南條正巳） 「津波塩害農地復旧のための菜の花プロジェクト」（中井裕） 「広域土壌調査による津波被災土壌の塩類状態」（菅野均志） 「津波堆泥土に含まれる硫黄化合物の問題」（伊藤豊彰）
2 月 23 日	講演発表・セミナー	第 6 回 PSI 環境フォーラム（ホテル・マリナーズコート東京） 発表名：「PSI 浄水発生土の水稲に対する施用効果と津波塩害農地改良資材としての適用可能性」（伊藤豊彰）
2 月 23 日	報道	河北新報「代かき重ね塩分削減 / 農業復興へ研究報告会」（南條正巳）
2 月 27 日	講演発表・セミナー	共同研究拠点ワークショップ—東日本大震災被災農地の修復に向けて（岡山大学・資源植物科学研究所） 発表名：「大津波に被災した農地土壌」（南條正巳）
3 月 5 日〜9 日	報道	NHK Word Radio より、菜の花プロジェクトに関するインタビューを受ける。（中井裕）
3 月 7 日	報道	河北新報「排水機能の回復急務」（南條正巳）
3 月 9 日	講演発表・セミナー	プロジェクト創出研究成果発表会（宮城県商工振興センター） 発表名：「牛ルーメン液を用いたハイブリッド型バイオガス化システムの開発」（中井裕）
3 月 11 日	状況	震災発生から 1 年が経過
3 月 12 日	報道	建設新聞「菜の花プロジェクトで長期支援」（中井裕）
3 月 15 日	講演発表・セミナー	日本混相流学会環境再生に向けた震災復興シンポジウム（東北大学百周年記念会館（川内萩ホール）） 講演名：「津波被害を受けた農地の実態と対策について」（中井裕）
3 月 16 日	講演発表・セミナー	津波塩害農地復興のための菜の花プロジェクト、および松島菜の花プロジェクト報告会（東北大学川渡フィールドセンター）
3 月 22 日	講演発表・セミナー	東北大学 PICS 研究成果発表会。 発表名：「地球共生型新有機性資源環境システム構築」（中井裕）
3 月 23 日	講演発表・セミナー	宮城県 3R 新技術研究開発支援事業研究成果発表会（東北大学川渡フィールドセンター）
3 月 24 日	地域連携	松島町から東北大学菜の花プロジェクトによる支援要請を求められ、連携。
3 月 30 日	講演発表・セミナー	菜の花プロジェクトに関する講演（東北大学農学研究科） 講演名：「菜の花プロジェクト 2011 年度これまでの歩みと課題」（中井裕）
4 月 4 日	報道	河北新報「雨水活用し農地除塩」について（南條正巳）

活動の記録

4月10日	報道	Biophilia（ビオフィリア）電子版「特集：復興のちから―東日本大震災から1年これからへ向けて　菜の花で津波塩害農地を蘇らせる」
4月15日	講演発表・セミナー	ホテル法華クラブ仙台にて講演 講演名：「津波塩害農地復興のための菜の花プロジェクト、みちのくの復興を考える」（中井裕）
4月16日	報道	KHB東日本放送「東北大学の新世紀／塩害の実態と対策」について（南條正巳）
4月16日	講演発表・セミナー	菜の花プロジェクトに関する講演（東北大学農学研究科） 講演名：「菜の花プロジェクトの歩みと課題」（中井裕）
4月20日〜24日	地域連携	菜の花プロジェクトが連携して岩沼で栽培した食用菜の花を「復興菜の花」と銘打って、三越仙台店（いたがき）、みやぎ生協岩沼店、イオン中山店、マックスバリュ名取店にて販売。
4月28日	イベント	「第12回全国菜の花サミットinふくしま」第1日目（福島県須賀川市、須賀川市文化センター）の事例発表 発表名：「津波塩害農地復興のための菜の花プロジェクトについて」（中井裕）
4月29日	イベント	「第12回全国菜の花サミットinふくしま」第2日目（福島空港ビル）サミット内分科会での発表 発表名：「菜の花を使った津波塩害農地復興について」（中井裕）。
4月28日	イベント	川渡河川敷公園（大崎市鳴子温泉）にて、第2回菜の花フェスティバルinおおさき鳴子温泉を開催
4月28日	報道	NHK番組取材班に向けて、福島県を流れる阿賀野川堆積物の放射性Cs濃度、放射能汚染実態についての説明会（南條正巳）
5月4日	イベント	岩沼市にて、東北大学菜の花プロジェクト現地見学会 満開になった菜の花の圃場見学およびキリンビール仙台工場において菜の花を使用した料理の試食会（約50名参加）
5月6日	報道	公明新聞「被災地に"希望の花"咲かそう」（中井裕）
5月9日	講演発表・セミナー	東京大学弥生講堂にて、土と肥料の講演会 講演名：「農耕地土壌における大津波の被害実態と塩害対策の概要」（南條正巳）
5月22日	報道	東北大学新聞「菜の花プロジェクト復興の灯ともす」（中井裕）
5月25日	報道	エフエム仙台にて、「食・農・村の復興支援プロジェクトについて」収録（中井裕）
6月1日	報道	関西テレビ「菜の花が被災地復興に役に立つ？」放送
6月1日	報道	公明新聞「塩害農地で菜の花の種まき」（中井裕）
6月10日	報道	NHK Eテレ「ETV特集／ネットワークで作る放射能汚染地図6―川で何がおきているのか」（南條正巳、菅野均志）
6月11日	報道	エフエム仙台「ともすRADIO」菜の花プロジェクトについて
6月17日	報道	NHK Eテレにて放送（6月10日の再放送） 「ETV特集／ネットワークで作る放射能汚染地図6―川で何がおきているのか」（南條正巳、菅野均志）
6月21日	イベント	福島市松韻学園福島高等学校にて出前授業。 講義名：「津波塩害農地を復旧するために必要なこと―土の科学と水田の多面的機能への認識」（伊藤豊彰）
6月22日	報道	河北新報「IT活用 農業再生」
6月23日	イベント	仙台市農業園芸センターにて、菜の花の手刈りイベント開催 園芸センターの菜の花を20名で刈り取り。
6月23日	栽培管理	（有）千田清種およびボランティア協力の元、仙台市農業園芸センターのナタネを収穫。
6月29日〜7月1日	イベント	仙台市サンモール一番町にて「菜の花いっぱい！ 写生・写真大会」。応募総数約80点。
7月11日	報道	エフエム仙台「ともすRADIO」菜の花プロジェクトについて
7月11日	栽培管理	仙台市荒井圃場のナタネを収穫。
7月17日	栽培管理	岩沼市圃場のナタネを収穫。
7月23日	講演発表・セミナー	「東北大学菜の花プロジェクト報告会」および「2012年の作付を希望する方々への菜の花プロジェクト説明会」（参加者約40名）
7月30日〜31日	学内活動	東北大学農学部オープンキャンパスにおいて、ポスター展示（ARP関連）
8月3日	産学連携	朝日コーポ（株）末松社長が来訪し、ARPについて打ち合わせ。
8月4日	その他連携	南相馬市放射能測定センター事務所にて、菜の花プロジェクトについて説明。
8月11日	報道	エフエム仙台「ともすRADIO」菜の花プロジェクトについて

8 月 23 日	講演発表・セミナー	第 38 回的場記念川渡セミナー（東北大学的場記念川渡セミナー開催委員会主催） 講演名：「2011 年東北地方太平洋沖地震津波による水田被災状況とその修復に向けた転炉スラグの活用」（伊藤豊彰）
8 月 30 日	状況	仙台市などで震度 5 強の地震。
9 月 1 日	学内活動	文科省・復興庁事業 東北復興次世代エネルギー研究開発プロジェクト（NET）が発足し、「ルーメンハイブリッド型バイオガスシステム研究」として参画（中井裕）
9 月 3 日	地域連携	仙台市市役所・東北大学大学院農学研究科 連携協定調印式。 効率的な農地の除塩や経営基盤の強化などに関し、共同研究を進める協定を結んだ。
9 月 3 日	講演発表・セミナー	鳥取大学にて、第 4 回土壌化学・成分分類リトリート 発表名：「大津波の農耕地土壌への影響と塩害対策」（菅野均志）
9 月 4 日	報道	河北新報「仙台市・東北大学 共同研究協定」
9 月 10 日	講演発表・セミナー	東北大学川内北キャンパスにて、日本作物学会第 234 回講演会シンポジウム「東日本大震災からの農業再生と作物生産技術」 講演名：「津波による農地の冠水被害と耐塩性作物栽培」（南條正巳）
9 月 11 日	報道	エフエム仙台「ともすRADIO」菜の花プロジェクトについて
9 月 13 日	イベント	仙台農業園芸センターにて、菜の花播種・ナタネ油試食イベントを開催。
10 月 5 日	講演発表・セミナー	第 6 回東北農研セミナー（盛岡市） 講演名：「東日本大震災からの復興と食品残渣を活用した地域活性化の試み—東北大学の挑戦—」（齋藤雅典）
10 月 6 日	イベント	仙台農業園芸センターにて、「菜の花種まき、ナタネ油の試食体験イベント」を開催。参加者 30 名で、約 20a の圃場に播種。
10 月 8 日	報道	公明新聞「塩害農地で菜の花の種まき」（中井裕）
10 月 11 日	報道	エフエム仙台「ともすRADIO」菜の花プロジェクトについて
10 月 13 日	講演発表・セミナー	平成 24 年度日本農学会シンポジウム 〜東日本からの農林水産業と地域社会の復興〜（東京大学 弥生講堂） 講演名：「農地における塩害の概況と修復」（南條正巳）
10 月 23 日	講演発表・セミナー	おおさきバイオディーゼル協議会セミナー（東北大学川渡フィールドセンター） 発表名：「震災復興支援と地域資源循環システム」（中井裕）
11 月 5 日	講演発表・セミナー	被災と土壌修復、日本沙漠学会乾燥地農学分科会—東北大学大学院農学研究科平成 24 年度講演会（岩沼市民会館） 発表名：「東日本大震災からの復興と土壌修復への期待」（南條正巳）
11 月 15 日	講演発表・セミナー	農業・農村の農地再生に関する技術シンポジウム（東北大学百周年 記念会館（川内萩ホール）） 「被災地を再生するための新たな農業技術」（中井裕） 「津波被災農地の復旧に向けて—除塩後の土壌肥料学的課題」（伊藤豊彰）
11 月 18 日	報道	福島テレビおよび、うつくしま情報局「もりに親しもう！」にて放射能測定器講習会の場面が紹介される。（大村道明）
11 月 22 日	報道	国連広報センターより、菜の花プロジェクトに関するインタビューを受ける。
12 月 3 日	講演発表・セミナー	大崎市バイオマス活用講座 講演名：「自然の力を利用したバイオガス生産」（中井裕）
12 月 5 日	イベント	東北地域アグリビジネス創出フェア（仙台市産業プラザ） 講演名：「復興支援プロジェクトとバイオマス地域資源循環システム」（中井裕）
12 月 7 日	状況	東北と関東地方で震度 5 弱の地震発生。宮城県に津波警報が発令され、石巻市で 1 メートルの津波を観測。
12 月 10 日	講演発表・セミナー	農学委員会 土壌科学分科会 特別報告 発表名：「宮城・岩手の農地土壌の修復と農業の復興」（南條正巳）
12 月 11 日	報道	エフエム仙台「ともすRADIO」菜の花プロジェクトについて
12 月 14 日	講演発表・セミナー	「食・農・村の復興支援プロジェクト」について農学研究科外部評価会議（東北大学農学研究科）
12 月 14 日	講演発表・セミナー	震災農地の再生に向けた技術研修会、宮城県石巻農業改良普及センター主催 発表名：「水田土壌の津波被害と対策」（伊藤豊彰）
12 月 19 日	その他連携	岩手県陸前高田市にて、山田周生氏と意見交換（中井裕）

活動の記録

「東北大学 菜の花プロジェクト」活動の記録（2013 年）
～震災発生から現在まで～

2013 年		
日付	状況や活動	概要
1 月 5 日	報道	毎日新聞「希望への開花風景」（中井裕）
1 月 17 日	講演発表・セミナー	仙台国際センターにて、東北大学イノベーションフェア。「津波塩害農地復興のための菜の花プロジェクト」（中井裕）、「復興支援と産業振興のためのゲノム・イオノーム解析」（金山善則）
1 月 29 日	地域連携	南相馬市にて、菜の花プロジェクトに関する打ち合わせ。（中井裕）
1 月 30 日	講演発表・セミナー	盛岡市にて、平成 24 年度東北農業試験研究推進会議（生産環境推進部 全土壌肥料研究会 東北農業研究センター主催） 発表名：「水田土壌の津波被害と修復に向けた技術的課題」（伊藤豊彰）
2 月 4 日～5 日	調査・視察	千葉県館山市にて、菜の花栽培に関する調査・視察。（中井裕、大村道明、大串由紀江）
2 月 9 日	講演発表・セミナー	新農耕法研究会（仙台ファーストタワービル） 発表名：「津波被災水田復旧のための除塩後の土壌肥料学的課題」（伊藤豊彰）
2 月 11 日	報道	エフエム仙台「ともすRADIO」菜の花プロジェクトについて
2 月 19 日	講演発表・セミナー	東北農業土木技術士会（宮城県土地改良会館） 発表名：「津波被災水田を修復するための土壌肥料学的課題」（伊藤豊彰）
2 月 22 日	講演発表・セミナー	農業の早期復興に向けた試験研究成果報告会（宮城県農業園芸総合研究所） 発表名：「津波被災農地・除塩後の土壌肥料学的課題」（伊藤豊彰）
3 月 5 日	報道	読売新聞「離れた農地 ネット管理／温度・湿度・・端末でチェック」
3 月 7 日	報道	KHB 東日本放送「突撃！ ナマイキ TV」より取材を受ける（中井裕）
3 月 9 日	講演発表・セミナー	仙台ガーデンパレスにて、東北大学災害復興新生研究機構シンポジウムにて講演（中井裕）
3 月 11 日	状況	震災発生から 2 年が経過
3 月 12 日	地域連携	大崎市鳴子温泉上原地区の住民に対して、「ルーメンメタンシステム実験」に関する説明会。（中井裕）
3 月 13 日	報道	「突撃！ ナマイキ TV」特集：へぇ〜の道「菜の花が農地を救う！？ へぇ〜なプロジェクト進行中」にて菜の花プロジェクトが紹介された。
3 月 15 日	講演発表・セミナー	食・農・村の復興支援プロジェクト（ARP）活動報告会（仙台国際ホテル）。
3 月 30 日	報道	日経新聞「IT 農業育てたい 仙台市・東北大、センサーなどで作物管理 まず指導役に講習」
4 月 11 日	報道	エフエム仙台「ともすRADIO」菜の花プロジェクトについて
4 月 28 日	イベント	仙台市農業園芸センターにて、菜の花プロジェクト現地見学会を開催。
5 月 11 日	報道	エフエム仙台「ともすRADIO」菜の花プロジェクトについて
5 月 20 日	報道	NHK クローズアップ現代 "スマートアグリ 農業革命の可能性"
5 月 31 日	地域連携	南相馬市にて、菜の花プロジェクトに関する打ち合わせ。（中井裕）
6 月 6 日	講演発表・セミナー	東北大学多元物質科学研究所ベースメタル研究ステーションワークショップ。 発表名：「鉄鋼スラグを利用した被災農地の再生」（伊藤豊彰）
6 月 11 日	報道	エフエム仙台「ともすRADIO」菜の花プロジェクトについて
7 月 3 日	講演発表・セミナー	菜の花プロジェクト進捗報告会（仙台農業園芸センター）。奥山恵美子市長が出席。
7 月 7 日	イベント	仙台市農業園芸センターにて、菜の花プロジェクト収穫体験会。市民約 60 人が参加。
7 月 8 日	報道	毎日新聞「7/7 菜の花プロジェクト収穫体験会」
7 月 9 日	報道	河北新報「7/7 菜の花プロジェクト収穫体験会」
7 月 11 日	報道	エフエム仙台「ともすRADIO」菜の花プロジェクトについて
7 月 29 日	報道	NHK TOMORROW「Bioenergy Projects Flourish in Tohoku」に出演（北柴大泰）
7 月 30 日	学内活動	東北大学オープンキャンパスにてポスター展示（ARP 関連）
7 月 31 日	報道	NHK BS「TOMORROW」にて菜の花プロジェクトが紹介される。
8 月 11 日	報道	エフエム仙台「ともすRADIO」菜の花プロジェクトについて
8 月 17 日	イベント	「せんだい×荒浜ウィークエンド」一番町トークセッション。菜の花プロジェクトについて（中井裕）
8 月 19 日	地域連携	相馬農業高校の生徒を対象としたバイオマスエネルギー施設勉強会（菜の花プロジェクト主催）

8月20日	地域連携	相馬農業高校と京都農芸高校の生徒を対象としたバイオマスエネルギーやリサイクル意見交換会（菜の花プロジェクト主催）
8月27日	地域連携	寄附金の贈呈式。「チームともす東北」の菜種キャンドル売り上げの一部19万円を寄贈される。
8月29日	報道	河北新報「8/27 寄附金の寄贈式の様子」
9月3日	地域連携	東松島市と東北大学との連携協定締結式。
9月4日	報道	読売新聞「9/3 東松島市と東北大学との連携協定締結式」
9月7日	報道	河北新報「9/3 東松島市と東北大学との連携協定締結式」
9月11日	報道	エフエム仙台「ともすRADIO」菜の花プロジェクトについて
9月28日	イベント	サムスン電子ジャパン（株）が、大崎市鳴子温泉の川渡河川敷において石拾いなど菜の花プロジェクト活動支援。
10月1日	学内活動	東北復興農学センター準備室設置（センター概要は2014年4月1日に記載）
10月5日	講演発表・セミナー	東北大学川渡フィールドセンターにて、東北大学PICS公開セミナー テーマ：「糞尿博士たちの夢」（中井裕、伊藤豊彰ら）
10月16日	イベント	南相馬市にて、ナタネの播種イベントに参加（中井裕）
11月3日	状況	プロ野球、東北楽天ゴールデンイーグルスが初の日本一に輝く。
11月15日	講演発表・セミナー	平成25年度東北大学北海道同窓会連合会（札幌市、ホテル札幌ガーデンパレス） 講演名：「土に見る・2011 東日本大震災」（南條正巳）
12月24日	報道	河北新報「科学の泉／菜の花とその仲間（1）／カブとダイコン、遠い親戚」（西尾剛）
12月25日	報道	河北新報「科学の泉／菜の花とその仲間（2）／雑種から新しい野菜」（西尾剛）
12月26日	報道	河北新報「科学の泉／菜の花とその仲間（3）／乾燥・塩害に強いアブラナ類」（西尾剛）
12月27日	報道	河北新報「科学の泉／菜の花とその仲間（4）／被災農地でプロジェクト始動」（西尾剛）
12月28日	報道	河北新報「科学の泉／菜の花とその仲間（5）／カラシナの辛味、鳥獣害を防ぐ」（西尾剛）
12月29日	報道	河北新報「科学の泉／菜の花とその仲間（6完）／組み換え遺伝子拡散の恐れ」（西尾剛）

活動の記録

「東北大学 菜の花プロジェクト」活動の記録（2014年）
～震災発生から現在まで～

日付	状況や活動	概要
		2014年
1月1日	報道	河北新報「つなぐ産業無限大 / ハウス管理 遠隔操作 / 東北スマートカルチャー研究会」
1月28日	イベント	仙台国際センターにて、東北大学イノベーションフェア2014出展（ARP、東北復興農学センター準備室）
2月8日	報告会	新農耕法研究会（仙台ファーストタワービル）「転炉石灰による津波被災・除塩水田の土壌改良」（伊藤豊彰）
2月14日	状況	ソチ冬季五輪、フィギュアスケート男子種目で羽生結弦選手（仙台市出身）が金メダルを獲得
2月25日	報道	エフエム仙台「ともすRADIO」菜の花プロジェクトについて
3月4日	報道	ミヤギテレビ「東北大学大学院農学研究科 東北復興農学センター設立」
3月5日	報道	NHK「東北大学大学院農学研究科 東北復興農学センター設立」
3月5日	報道	河北新報「東北大学大学院農学研究科 東北復興農学センター設立」
3月5日	講演発表・セミナー	農業の早期復興に向けた試験研究成果報告会（宮城県古川農業試験場）発表名：「製鋼スラグ系肥料による津波被災・除塩水田の生産力改善」（伊藤豊彰ら）
3月9日	講演発表・セミナー	『東北大学災害復興新生研究機構シンポジウム～「東北復興・日本新生の先導」を目指して～』にて、TASCR・IT農業関連のブース出展（ウェスティンホテル仙台）
3月11日	状況	震災発生から3年経過
3月11日	報道	河北新報「塩害農地復旧へ新戦力 / 鉄鋼スラグ有効性報告 / 水稲生育を促進」（伊藤豊彰）
3月11日	報道	エフエム仙台「ともすRADIO」菜の花プロジェクトについて
3月31日	状況	岩手、宮城の震災がれき約1535万トンの処理が完了。
3月31日	報道	鳴子の地元情報誌「素ローカルなるこ」にて、川渡フィールドセンターの概要および研究に関する記事が掲載される。
4月1日	学内活動	東北の農業・農村の復興を先導し、日本農業の新生をけん引する人材育成を目的として、東北復興農学センター（Tohoku Agricultural Science Center for Reconstruction）を農学研究科内に設立（2016年3月時点で総勢48名が参画）
4月24日	学内活動	東北復興農学センター設立記念シンポジウムを開催（ホテルメトロポリタン仙台）。
4月27日	講演発表・セミナー	RISTEX復興促進プログラム 特別企画シンポジウム「未来を創る 東北の力」―科学技術の英知・絆の医療―（仙台国際センター）ポスター展示（TASCR）
4月30日	講演発表・セミナー	日本地球惑星科学連合（JpGU）2014年大会（横浜市、パシフィコ横浜）発表名：「東北大学農学研究科の東日本大震災復興支援：食・農・村の復興支援プロジェクトと津波塩害農地復興のための菜の花プロジェクト」（中井裕）本大会の約4,000件ある発表のなかで、特に学術的・社会的に話題性の高い発表としてハイライト論文に選定された。
5月10日	イベント	第4回おおさき鳴子温泉菜の花フェスティバル（大崎市鳴子温泉、川渡川川敷公園）川渡フィールドセンターの学生らで、ナタネ油を使ったポップコーンを提供。
5月16日	学内活動	東北復興農学センター（TASCR）開講式、第1期生として103名を迎える。
6月25日	イベント	仙台市泉高等学校へ出張講義 講義名：「耐塩性アブラナ科植物の育種」（北柴大泰）
7月22日～24日	状況	天皇、皇后両陛下が宮城県内の被災地を訪問される。
7月25日～27日	学内活動	東北復興農学センター（TASCR）カリキュラムにて「復興農学フィールド実習」を実施（岩沼市、塩釜市、大崎市鳴子温泉川渡地区および田尻地区）
7月29日～30日	学内活動	東北大学農学部オープンキャンパスにて、TASCR関連のポスター展示
7月29日～30日	講演発表・セミナー	Asia Oceania Geosciences Society（AOGS）2014年大会（札幌市）。発表名：「The Agri-reconstruction Project and Rapeseed Project for Restoring Tsunami-salt-damaged Farmland After the GEJE-An Institutional Effort」（中井裕）
7月31日	イベント	これまでの活動成果を纏めた「菜の花サイエンス―津波塩害農地の復興（第1刷）」を発行・出版
8月30日	学内活動	東北復興農学センター（TASCR）カリキュラムにて、被災地エクステンションを実施（仙台市東部および東松島市）
8月31日	学内活動	東北復興農学センター（TASCR）カリキュラムにて、IT農学実習（1日目～2日目）を実施（農学部講義室）

199

9月5日〜6日	学内活動	東北復興農学センター（TASCR）カリキュラムにて、IT農学実習（3日目）を実施（東北大学片平キャンパス・さくらホール）
9月13日	学内活動	東北大学川渡フィールドセンターにて「東北大学菜の花プロジェクト現地見学会」を開催（参加者 約30名）
9月19日	イベント	青森県立弘前高校へ出前授業。 講義名：「東日本大震災からの農業復興を支援する農学—津波被災農地の復旧における土壌学の役割」（伊藤豊彰）。 聴講した学生のひとりが翌年、東北大学農学部に入学（東北復興農学センターのカリキュラムを受講）
9月20日	学内活動	東北大学農学研究科附属 女川フィールドセンター新棟 開所式。津波被害からの復興。
9月21日	報道	日本農業新聞「菜の花サイエンス」東北大学菜の花プロジェクト・編．書評について
9月27日	学内活動	東北復興農学センター（TASCR）第1期マイスター認定式（農学部・第1講義室）。「マイスター1期生」として、延べ94名を認定。
9月29日〜30日	講演発表・セミナー	複合生態フィールド教育研究センター国際シンポジウム（松島町） 発表名：「菜の花プロジェクト」について（中井裕）
10月21日	地域連携	福島県双葉郡葛尾（かつらお）村の藤野清貴氏（当時の経済産業省派遣者）が来訪し、菜の花プロジェクトの展開について意見交換。
10月27日	報道	河北新報「資源の循環 可能性追求」書籍 菜の花サイエンス 津波塩害農地の復興について
10月30日	報道	河北新報「菜の花サイエンス 津波塩害農地の復興の書評」
11月10日	受賞	フード・アクション・ニッポン（FAN）アワード2014（主催：FAN2014実行委員会、共催：農林水産省）授賞式。（東京都千代田区有楽町） 「塩害農地の復興に取り組む 東北大学菜の花プロジェクト」として、研究開発・新技術部門で優秀賞を受賞。
11月15日	報道	河北新報「フード・アクション・ニッポンアワード2014 東北大学大学院農学研究科の「菜の花プロジェクト」が優秀賞を受賞」
11月18日	学内活動	仙台市内の中華料理店より協力のもと、ナタネ油を使ったオイル漬けを試作・試食。
12月4日	イベント	東北大学イノベーションフェア2014 Dec にて（仙台国際センター）、ポスター展示（TASCR関連）
12月10日	報道	河北新報「ほれて 東北大の米」東北復興農学センター第1期マイスターの活動について
12月22日	産学連携	（株）クレハ（東京都）にて、菜の花プロジェクトの活動報告および意見交換。（中井、北柴）

活動の記録

「東北大学 菜の花プロジェクト」活動の記録（2015 年）
～震災発生から現在まで～

		2015 年
日付	状況や活動	概要
1 月 20 日	報告会	「新しい東北」官民連携推進協議会（東京）
2 月 8 日	講演発表・セミナー	平成 26 年度 第 3 回「新しい東北」官民連携推進協議会 会員交流会（仙台サンプラザホテル）
3 月 1 日	状況	常磐自動車道（埼玉県―宮城県）約 300 キロの復旧・整備工事が完了し、全線再開。
3 月 14 日	講演発表・セミナー	第 3 回 国連防災世界会議（仙台市・川内キャンパス）のパブリックセミナーにおいて、東北復興農学センターのカリキュラムを受講した修了生「マイスター」が発表。発表名：「Model Village をつくろう～新しい農業と安心・安全で豊かな農村の姿を目指して～」
3 月 15 日	講演発表・セミナー	第 3 回 国連防災世界会議の一環として、東北大学復興シンポジウム「東北大学からのメッセージ ～震災からの教訓を未来に紡ぐ～」が開催された（仙台市、東京エレクトロンホール宮城）。講演名：「産業と暮らし」（中井裕）
3 月 21 日	状況	JR 石巻線全線再開。宮城県女川町が「まちびらき」
3 月 25 日	イベント	東北復興農学センター（TASCR）「復興農学フィールドスペシャリスト（FS）2 名、復興農学ジュニアフィールドスペシャリスト（JFS）8 名」を認定（農学部・農学研究科 学位記授与式）
4 月 16 日	イベント	「菜の花サイエンス―津波塩害農地の復興」第 2 刷 発行
4 月 20 日	状況	東北電力女川原発の半径 30 キロ圏に位置する宮城県内 5 市町村と東北電力が原子力安全協定締結
4 月 29 日	イベント	川渡温泉河川敷公園にて、第 5 回菜の花フェスティバル。
5 月 10 日	状況	マリンピア松島水族館（松島町）が 88 年の歴史に幕を下ろした。
5 月 15 日	学内活動	東北復興農学センター（TASCR）開講式、第 2 期生として 56 名を迎える
5 月 30 日	状況	JR 仙石線が全線再開。
6 月 4 日	地域連携	福島県葛尾村視察・エネルギー関連企業との意見交換。
6 月 13 日	学内活動	東北復興農学センター（TASCR）カリキュラムにて、被災地エクステンションを実施（女川町）
6 月 16 日	報道	仙台放送で菜の花プロジェクトに関する特集が放送（中井裕）
7 月 1 日	状況	仙台うみの杜水族館（宮城野区）がオープン
7 月 24 日～26 日	学内活動	東北復興農学センター（TASCR）カリキュラムにて、復興農学フィールド実習（2 泊 3 日）を実施（岩沼市、塩釜市、大崎市川渡地区、田尻地区）
7 月 29 日～30 日	学内活動	東北大学農学部オープンキャンパスにて、TASCR 関連のポスター展示
8 月 8 日	講演発表・セミナー	三陸から農林水産業の未来を考える～大震災の経験を糧に市民公開シンポジウム（岩手県大船渡市文化会館）
8 月 29 日～30 日	学内活動	東北復興農学センター（TASCR）カリキュラムにて、IT 農学実習（1 日目～2 日目）を実施（農学部講義室、大崎市鹿島台地区）
8 月 31 日	状況	福島第一原発事故に伴う避難地域のうち南相馬市、川俣町、葛尾村で準備宿泊が始まる。
9 月 5 日	学内活動	東北復興農学センター（TASCR）カリキュラムにて、IT 農学実習（3 日目）を実施（農学部講義室）
9 月 26 日	学内活動	東北復興農学センター（TASCR）第 2 期マイスター認定式（農学部・第 1 講義室）「マイスター 2 期生」として、延べ 61 名を認定
12 月 6 日	状況	仙台市地下鉄東西線が開業
12 月 9 日	イベント	東北大学イノベーションフェア 2015（仙台国際センター）に出展（TASCR 関連）
12 月 22 日	講演発表・セミナー	JST プロジェクト終了後の追跡調査・意見交換会（JST 東京本部別館・市ヶ谷）にて、研究実装の実例として菜の花プロジェクトについて発表（中井裕）

201

「東北大学 菜の花プロジェクト」活動の記録（2016 年）
～震災発生から現在まで～

日付	状況や活動	概要
		2016 年
		概要
1 月 20 日	調査・視察	葛尾村の役場職員と共に、現地圃場に植えられた菜の花の視察と、それらの活用方法について意見交換（中井裕、大村道明）
1 月 24 日	報道	河北新報「とうほく本の散歩道震災と土／命や生態系 再生を読む」書籍・菜の花サイエンス」
2 月 11 日	講演発表・セミナー	「新しい東北」交流会 in 仙台（仙台サンプラザホール・ホテル）にて、TASCR 関連のブース出展
2 月 20 日	講演発表・セミナー	東北大学農学研究科先端農学センター開設期間満了につき、「先端農学シンポジウム」を開催（東北大学片平さくらホール） 講演名：「農学の知を生かした畜産環境保全と震災復興（日本農学賞 受賞記念講演）」（中井裕）
2 月 24 日	調査・視察	葛尾村の圃場にて菜の花の生育状況の視察（大村道明）
3 月 8 日	講演発表・セミナー	東北大学災害復興新生研究機構シンポジウム「共に未来へ～東日本大震災から 5 年～」（東北大学萩ホール）
3 月 10 日	イベント	ドコモ東北復興支援の会（仙台市上杉）において、菜の花プロジェクトの活動およびナタネ油について出展。
3 月 11 日	状況	東日本大震災から 5 年経過
3 月 25 日	学内活動	東北復興農学センター（TASCR）「復興農学フィールドスペシャリスト（FS）1 名、復興農学ジュニアフィールドスペシャリスト（JFS）9 名」を認定（農学部・農学研究科 学位記授与式）
4 月 4 日	講演発表・セミナー	東京大学山上会館大会議室にて、2016 年度「土と肥料」の講演会 講演名：「津波被災地の農業再生に向けた対策技術研究の貢献と課題」（伊藤豊彰）
4 月 21 日	地域連携	川渡地区の地元主婦らが、国の地方創生事業を活用し、カフェレストラン「キッチンなの花」を開店。
4 月 23 日	講演発表・セミナー	日本学術会議講堂にて、日本学術会議学術フォーラム。 講演名：「土─水─生物系における汚染水の問題」（南條正巳）
4 月 24 日	イベント	第 6 回 おおさき鳴子温泉菜の花フェスティバル（川渡河川敷公園）
4 月 27 日	調査・視察	葛尾村にて菜の花の生育を確認、東北復興農学センター（TASCR）カリキュラムの被災地エクステンション下見、葛尾村役場との意見交換（中井裕、大村道明）
5 月 13 日	学内活動	東北復興農学センター（TASCR）開講式、第 3 期生として 76 名を迎える
5 月 27 日	地域連携	「新しい東北」作文コンテスト審査委員を務める（中井裕）
6 月 11 日	学内活動	東北復興農学センター（TASCR）カリキュラムにて、被災地エクステンションを実施（福島県葛尾村）
6 月 12 日	状況	葛尾村の一部の地域を除いて、ほぼ全域で避難指示が解除され、住民の帰還が開始。
6 月 12 日	報道	NHK 福島「東北復興農学センター学生、村を視察」
7 月 12 日	調査・視察	葛尾村を訪問し、松本允秀村長（当時）と意見交換（中井裕、大村道明）
7 月 27 日～28 日	学内活動	東北大学農学部オープンキャンパスにて、TASCR 関連のポスター展示
8 月 14 日	イベント	葛尾村の圃場で収穫されたナタネ（ナタネ油）を利用し、村の盆踊りで灯明イベントを開催（菜の花プロジェクトが栽培管理に関して支援）。
8 月 20 日～21 日	学内活動	東北復興農学センター（TASCR）カリキュラムにて、IT 農学実習（1 日目～2 日目）を実施（農学部講義室、名取市宮城県農業高校）。
8 月 27 日	学内活動	東北復興農学センター（TASCR）カリキュラムにて、IT 農学実習（3 日目）を実施（農学部講義室）。
9 月 8 日	報道	NHK 福島（東北 6 県）「葛尾村と東北大学研究協力締結へ」について
9 月 24 日	学内活動	東北復興農学センター（TASCR）第 3 期マイスター認定式（農学部・第 1 講義室）。「マイスター3 期生」として、延べ 83 名を認定。
10 月 21 日	地域連携	東北大学大学院農学研究科と福島県葛尾村による連携協定締結式が行われる。
10 月 22 日	報道	河北新報「農業再生 東北大と協定／福島・葛尾村／情報通信技術も活用」 10/21 連携協定締結について
11 月 1 日	学内活動	農学部・農学研究科が、堤通雨宮町から青葉山新キャンパスへ移転開始。

（2017 年）

日付	状況や活動	概要
3 月 24 日	受賞	東北復興農学センターが「平成 28 年度 総長教育賞」を受賞。
3 月 24 日	学内活動	東北復興農学センター（TASCR）「復興農学フィールドスペシャリスト（FS）5 名、復興農学ジュニアフィールドスペシャリスト（JFS）9 名」を認定（農学部・農学研究科 学位記授与式）

著者略歴

中井　裕（なかい・ゆたか）
1954 年東京都生まれ。
1982 年東北大学大学院農学研究科博士課程修了（畜産学専攻）、農学博士。
現在：東北大学大学院農学研究科教授、東北大学総長特別補佐（震災復興推進担当）、東北復興農学センター副センター長、日本畜産環境学会理事長
研究分野：病原微生物学、環境微生物学
著書：『最新畜産ハンドブック』（講談社，2014 年）他
受賞：日本農学賞（2015 年）他

西尾　剛（にしお・たけし）
1952 年大阪府生まれ。
1980 年東北大学大学院農学研究科博士課程修了（農学専攻）、農学博士。
現在：東北大学大学院農学研究科教授、東北大学附属図書館副館長
研究分野：植物育種学、植物遺伝学
著書：『植物育種学第 4 版』（文永堂出版，2012 年）他
受賞：日本育種学会賞（1983 年）他

北柴　大泰（きたしば・ひろやす）
1970 年秋田県生まれ。
1999 年東北大学大学院農学研究科博士課程修了（農学専攻）、農学博士。
現在：東北大学大学院農学研究科准教授
研究分野：植物遺伝学、植物育種学
著書：『The Radish Genome.』（Springer, 2017）他

南條　正巳（なんじょう・まさみ）

1953 年宮城県生まれ。

1977 年東北大学大学院農学研究科修士課程修了（農芸化学専攻）、1986 年農学博士。

現在：東北大学大学院農学研究科教授

研究分野：土壌肥料学

著書：『Volcanic Ash Soils-Genesis, properties and utilization（分担執筆）』（Elsevier, 1993）他

受賞：日本土壌肥料学会賞（2010 年）他

齋藤　雅典（さいとう・まさのり）

1952 年東京都生まれ。

1981 年年東京大学大学院農学系研究科博士課程修了（農芸化学専攻）、農学博士。

現在：東北大学大学院農学研究科教授、菌根研究会会長

研究分野：土壌微生物学、環境農学、土壌肥料学

著書：『Arbuscular mycorrhizas: molecular biology and physiology.』（共著、Kluwer, 2000 年）他

受賞：日本土壌肥料学会賞（2008 年）他

伊藤　豊彰（いとう・とよあき）

1958 年山形県生まれ。

1984 年東北大学大学院農学研究科博士課程前期修了（農学専攻）、1994 年農学博士。

現在：東北大学大学院農学研究科准教授

研究分野：栽培植物環境科学、栽培学、土壌肥料学

著書：『最新農業技術　土壌施肥第 4 巻　東日本大震災の農地汚染に挑む』（農山漁村文化協会，2012 年）他

受賞：全国大学附属農場協議会・農場教育賞（2011 年）他

著者略歴

大村　道明（おおむら・みちあき）
1972 年長野県生まれ。
1998 年東北大学大学院国際文化研究科修了（国際文化交流論）、農学博士。
現在：東北大学大学院農学研究科助教、東北大学地域産業支援アドバイザー、一般社団法人 東松島みらいとし機構 専務理事
研究分野：環境影響評価（LCA）、・環境政策
著書：『コンポスト科学—環境の時代の研究最前線—』（東北大学出版会、2015 年）他

金山　喜則（かなやま・よしのり）
1962 年富山県生まれ。
1990 年名古屋大学大学院農学研究科博士後期課程修了（農学専攻）、農学博士。
現在：東北大学大学院農学研究科教授
研究分野：園芸学
著書：『観賞園芸学』（文永堂出版，2013 年）他
受賞：園芸学会賞（2016 年）他

装幀：大串幸子

農学の知を復興に生かす
―東北大学菜の花プロジェクトのあゆみ―

Wisdom of Agricultural Science Utilized for the Restoration :
Progress of Tohoku University Rapeseed Project

© Yutaka Nakai, Takeshi Nishio, Hiroyasu Kitashiba
Masami Nanzyo, Masanori Saito, Toyoaki Ito
Michiaki Omura, Yoshinori Kanayama, 2018

2018 年 5 月 31 日　初版　第 1 刷発行

著　者／中井裕・西尾剛・北柴大泰・南條正巳
　　　　齋藤雅典・伊藤豊彰・大村道明・金山喜則
発行者／久道　茂
発行所／東北大学出版会
　　　　〒 980-8577　仙台市青葉区片平 2-1-1
　　　　Tel 022-214-2777　Fax 022-214-2778
　　　　http://www.tups.jp　E-mail:info@tups.jp
印　刷／亜細亜印刷株式会社
　　　　〒 380-0023　長野市三輪荒屋 1154
　　　　Tel 026-243-4858

ISBN978-4-86163-299-0
定価はカバーに表示してあります。
乱丁、落丁はおとりかえします。

[JCOPY] 〈出版者著作権管理機構 委託出版物〉
本書の無断複製は著作権法上での例外を除き禁じられています。複製され
る場合は、そのつど事前に、出版者著作権管理機構（TEL03-3513-6969、
FAX 03-3513-6979、e-mail:info@jcopy.or.jp）の許諾を得てください。